U0046906

passion

of the books, by the books, for the books

Shakespeare & Company
莎士比亞書店

by
Sylvia Beach

雪維兒・畢奇 著
陳榮彬 譯

莎士比亞書店

推薦語

一個愛書的女子所創造的傳奇書店，一間書店所創造的文學傳奇——這本書讓我看見一間獨立書店的堅持，以及因為這個堅持而創造出來的美好時代。它不只是一間書店的故事，而是整個一九二〇到四〇年代，環繞著這家坐落於巴黎河左岸的英文書店所發生的，英美文學圈、作家之生活與軼事。

——小小書房　虹風（永和）
http://blog.roodo.com/smallidea

莎士比亞書店的傳奇並不是唯一，它只是個開啟，關於書與人之間的緊密連繫；如果有心，你也可以在任何其他地方開啟同樣動人的傳奇。

——有河 book　686 詹正德（淡水）

http://blog.roodo.com/book686

坦白說，當個書店老闆沒什麼了不起，我們唯一能做的，便是靠著客人的名氣以及我們所販售的書籍來彰顯這家店而已。但如果能成為像「莎士比亞」這般令人為之動容的書店，我想，那是所有獨立書店的經營者最為遠大的夢想。

所以，千萬別把我們當作「電子情書」中的凱薩琳‧凱利。如果你對獨立書店有著好奇，想知道這群神經病到底在搞什麼東西，那麼，透過雪維兒‧畢奇這本書，你將會知道，獨立書店它真正存在的意義。

——東海書苑　廖英良（台中）

http://www.thusbook.com

我自己在獨立書店這行業上打滾、從挫折中殺出一條理想的路，已經有超過八年半的生涯歷程！當閱讀完《莎士比亞書店》一書後，發現雪維兒與當今創辦、經營獨立書店者有許多的共通點，例如會想開辦獨立書店一定有一些影響的「潛質」，如對書的喜愛、受到鼓動、想用書來作運動、做社會教育的基地！

在八十多年前的法國巴黎要維持一間有理想、有個性的書店得以生存，而且還要背離社會的主流風氣而進行出版當時非主流的書，這是非常不容易！

書中揭露雪維兒經營獨立書店的種種故事，一直到今天八十多年了，獨立書店們所遭遇的困難與其大同小異；還有不變的精神，那就是希望「閱讀什麼樣的書，就會變成什麼樣的人」、「進到什麼樣的書店，就會變成什麼樣的人」！

雪維兒與《莎士比亞書店》實為獨立書店發展史的縮影！這是一本值得一讀再讀的好書！

——洪雅書房　余國信（嘉義）

http://blog.yam.com/hungya

因為愛看書買書成痴，瘋狂的極致就是創造一間想要的書店：有著舒適的沙發，悅耳的音樂，明亮的光線，親切的服務，以及隨時和著飛揚雨聲，或慵懶陽光的一大片落地窗——當然，一定要有很多很棒很棒的書。

就是這股傻勁，深耕書房誕生了。

當讀者，會員分享他們對書店的好奇和喜愛，才知道，原來，開書店是很多人的夢想。包括雪維兒．畢奇這位奇女子。

這位集體貼、慷慨、傻勁於一身的美國女子，憑著對書的熱愛，使得莎士比亞書店不只是書店，更兼具聯絡站、講堂甚至無息銀行的角色。書中描述她自己從美國來到巴黎開書店的機緣，經營獨立書店的辛苦和危機，以及在書店中出現的人物對話，生動地讓人彷彿也置身在一九二一年那個夏天。筆觸一如作者幽默而優雅。

如果你愛逛獨立書店，你應該擁有這本書；如果你不了解獨立書店，你應該翻閱這本書；如果你想創造一間書店，你更應該熟讀這本書。

勇敢地勾勒你的理想，讓夢起飛吧！

——深耕書房　沈心（台南）

http://tw.myblog.yahoo.com/always-enjoyreading

「什麼樣的世代，就會有什麼樣的書店存在！」這是在讀著這本雪維兒・畢奇的《莎士比亞書店》，腦海裡不斷冒出的一段話。在當今連鎖書店、網路書店當道之下，我們難以重現那個年代文人相聚於書店一角，更難以在一家小小的獨立書店裡，完成畢奇小姐所做到的服務（兼具圖書館、郵局、銀行、出版等多種業務！）

雪維兒・畢奇的《莎士比亞書店》，有著強烈愛書人的氣息。它揭開那些精典名著下我們所認識的作者，大大小小的故事。這大概也是獨立書店最為迷人的部分，讓人瞧見這些大作家的一些真實面貌，畢竟文字裡的故事，與真實的人生，有著極為不相同的樣子。

如果你想了解英、美、法三國現代主義文學，便不能錯過這本書裡提到的每一個作者及其作品；如果你想了解一家獨立書店的繁雜事項以及如何維持，便更不能錯過這一則故事，這間巴黎左岸的書店，以及雪維兒・畢奇的故事！

——善理書坊　換日線（高雄）

http://blog.yam.com/bookslounge

＊順序依書店首字筆劃排列。

譯序
巴黎舞台上的英美現代主義

陳榮彬

初次知道雪維兒・畢奇（Sylvia Beach）這個奇女子，是多年前翻譯一本喬伊斯（James Joyce）的傳記時。該傳記作者是知名愛爾蘭女作家，她對喬伊斯與幾位女性的關係多所著墨——其中幫助他在巴黎安頓下來，屢屢義助其全家，並且出版《尤利西斯》（*Ulysses*）的，就是雪維兒・畢奇。

一九八三年，諾愛爾・萊利・費奇（Noel Riley Fitch）出版了《雪維兒・畢奇與迷惘的一代：二、三〇年代的巴黎文學史》（*Sylvia Beach and the Lost Generation: A History of Literary Paris in the Twenties and Thirties*），對畢奇小姐一生在巴黎的活動有非常深入的研究，值得有興趣者做為延伸閱讀的參考。

已逝法國國家檔案中心主任安德黑・項松（André Chamson）也是個小說家，他從年輕時就認識畢奇小姐。項松曾這樣回憶她：「她就像隻傳播花粉的蜜蜂，作家們都透過她才能互利互助，英、美、愛、法四國在她促成下更緊密聯繫在一起，四國大使的功勞加起來也沒她大。」莎士比亞書店是一九二、三〇年代英美現代主義在巴黎的活動基地，兼有圖書館、郵局、銀行等多種功能，店主畢奇小姐堪稱現代主義最重要的「褓母」之一——而「教母」或許是葛楚・史坦因（Gertrude Stein）。

除了與喬伊斯的關係之外，美國小說家海明威（Ernest Hemingway）與畢奇小姐之間的關係也是現代主義文學非常重要的一頁，海明威的巴黎生活回憶錄《流動的饗宴》（*A Moveable Feast*）中有一章就專門用來回憶畢奇小姐，而本書最後一章也生動描寫了海明威與她在二次世界大戰結束前夕重逢的過程。當時擔任戰地記者的海明威帶著自己的人馬解放了畢奇小姐居住的劇院街，兩人帶著淚眼擁抱對方，字裡行間所釋放出的真情，令人動容。

很高興有機會翻譯這本書，而這本書是任何一個想了解英、美、法三國現代主義文學的人都不能錯過的。

雪維兒・畢奇年表[1]

一八八七年三月十四日　雪維兒・畢奇出生於巴爾的摩。

一九一九年十一月十九日　「莎士比亞書店」於巴黎杜皮特杭街八號開張。

一九二〇年七月十一日　雪維兒・畢奇在詩人安德黑・史畢荷家中與喬伊斯認識。

一九二一年夏天　「莎士比亞書店」搬到劇院街上。

一九二一年十一月　海明威首次光顧「莎士比亞書店」，成為該店圖書館會員。

一九二二年二月二日　喬伊斯在他四十歲生日當天拿到印刷成書的《尤利西斯》，出版社是「莎士比亞書店」。

一九二四年　在雪維兒・畢奇的安排下，巴黎的「牠主人的聲音唱片公司」錄製了喬伊斯朗誦的有聲版《尤利西斯》。

一九二七年　「莎士比亞書店」幫喬伊斯出版了詩集《一首詩一便士》。

一九二九年　「莎士比亞書店」出版了《我們眼裡的〈創作中的作品〉》，裡面收錄許多作家對〈創作中的作品〉（《芬尼根守靈記》一書前身）的評論文章。

一九三四年　美國蘭登書屋出版社幫喬伊斯出版了《尤利西斯》一書的美國版，但出版過程並未充分尊重畢奇小姐之版權。

一九三六年　為避免「莎士比亞書店」面臨倒閉的命運，許多法國文藝圈人士發起解救它的運動。

一九三七年　雪維兒・畢奇參加巴黎世界博覽會的展覽。

一九四〇年五月　納粹軍隊佔領巴黎。

一九四一年年底　因不願把她自己的最後一本《芬尼根守靈記》賣給德國軍官而得罪德國人；為避免「莎士比亞書店」的書被充公，畢奇小姐與友人以最快速度將書店的一切移往同棟大樓的空房中，書店就此走入歷史[2]。

一九四二年　畢奇小姐住進聖米榭大道九十三號的美國學生旅館，在那裡生活了兩年。

一九四四年八月二十六日　海明威「解放」劇院街，與畢奇小姐重逢。

一九五九年　《莎士比亞書店》一書出版。

一九六二年十月五日　畢奇小姐於巴黎辭世，享年七十五歲。

譯注

1 美國普林斯頓大學蒐集了畢奇小姐的手稿與許多遺物，並為其編寫了一個小傳。此一年表是譯者根據該篇小傳與其他資料和本書內容綜合整理而成的。

2 現存巴黎的「莎士比亞書店」是美國人喬治・惠特曼（George Whitman）在一九五一年八月所開的，他徵得了畢奇小姐同意才使用這個書店名稱。

Photo by Paul Almasy/Three Lions/Getty Images

作曲家安塞爾住在莎士比亞書店的二樓，常常忘了帶鑰匙就直接爬窗戶進去。下方為雪維兒與路人。

Photo by Gisele Freund/Time & Life Pictures/Getty Images

喬伊斯與雪維兒（中）及愛德希娜（右）在莎士比亞書店裡聊天。

1 誰是雪維兒？

我的父親席維斯特・伍布利吉・畢奇（Sylvester Woodbridge Beach）牧師是一位神學博士，也是隸屬於長老教會的神職人員，他曾在紐澤西州普林斯頓鎮的第一長老教會教堂當了十七年的駐堂牧師。

《孟希雜誌》（*Munsey's Magazine*）曾刊登過一篇文章，根據文章中有趣的族譜，我祖母的娘家，也就是伍布利吉家族的祖先，曾經有十二、三代的時間都是父傳子、子傳孫的神職人員。我的妹妹荷莉（Holly）是個為求真相而不計一切代價的人——她深入調查這件事，結果揭發了故事背後的真相：其實只有九個神職人員，但是我們對這數字都很滿意。

我母親娘家姓歐比森（Orbison），她就像是神話中的人物一樣：是從泉水中湧出的。我的意思是，她有個祖先是一位叫做詹姆士・哈里斯的船長（Captain James Harris）。他在後院東挖西挖的時候發現了一道很棒的泉水，也從此衍生出一個位於阿里根尼山脈的小鎮：好泉鎮（Bellefonte）。這名字是哈里斯太太想出來的。對於這件事，我個人比較偏好媽媽對我說的「版本」——拉法葉侯爵[1]路過時要了一杯泉水喝，結果大叫：「這泉水真棒！」但我也知道：法國人是死都不會跟人要水喝的。

媽媽誕生的地方不是他們位於賓州山區的老家，而是在印度的拉瓦平蒂市（Rawalpindi），她父親是一個在當地傳教的醫生。我外公歐比森先生把家人帶回好泉鎮，他的遺孀在小鎮把四個小孩撫養長大，並且在鎮上度過餘生，大家對她的尊敬幾乎跟那一道名泉不相上下。

媽媽讀的是好泉高中，她的拉丁文老師是一個剛剛從普林斯頓學院[2]與普林斯頓神學院畢業的高帥年輕人，也就是席維斯特・伍布利吉・畢奇。他們訂婚時她年僅十六歲，但是兩年後才結婚。

父親第一次被教會派到巴爾的摩，我就是在那裡出生的。下一個派駐地是紐澤西的布利吉頓市（Bridgeton），他在那裡的第一長老教會教堂當了十二年的駐堂牧師。

大概在我十四歲的時候，父親把全家人都帶到巴黎——包括媽媽，我兩個妹妹荷莉與西普莉安，還有我。其實一直有人要找父親去接管當地的學生工坊會（Students' Atelier Reunions）——當時蒙帕那斯區（Montparnasse）還沒設立舒適的美國學生俱樂部。在思鄉情緒的渲染下，美國的學生們每週日早上都會聚在蒙帕那斯區的一個大畫室裡面，並邀請當時一些最棒的歌手，像是瑪莉・賈登（Mary Garden）與查爾斯・克拉克（Charles Clark），還有偉大的大提琴家帕布洛・卡薩爾斯（Pablo Casals）等，還有其他來此獻藝的藝術家，連蘿伊・芙勒（Löie Fuller）也來了。她不是來跳舞的，而是來暢談她的舞蹈理念。印想中她是個矮胖、來自芝加哥的平凡女孩，帶著眼鏡活像個女老師，但是大談她正在用鐳元素進行打光的實驗。我記得當時她在紅磨坊跳舞，表演非常轟動。當你看到她站在台上時，我們所認識的胖女人便立刻脫胎換骨了——靠著手上飛舞的棍子，她舞動的舞衣似乎長達五百公尺，看來就像被火焰團團圍住、吞噬。到表演過後，好像連她都灰飛煙滅一樣。

爸媽兩人都愛法國與法文——儘管我們認識的法國人為數不多，因為父親的工作，我們大部分時間都跟同胞相處。父親的法文好到眾人皆知；我想他身體裡流的是拉丁民族的血液。他對法文投注非常多心力。他有個法國議員朋友幫他上了一些課，馬上他的讀與寫就變得流利順暢，但是那發音——唉，就別提了！我們以前曾在隔壁房間聽議員努力教他發法文裡面的字母「u」。一開始，我們聽到議員唸「ㄩ」，爸爸跟著唸「ㄨ」，唸得是很大聲，但是根本就差很多。但他們還是持續練下去。

巴黎對媽媽而言宛若仙境，美得像是一幅印象主義的畫。她也很喜歡幫學生會安排節目，那是她的工作。還有，她也喜歡那一群去表演的藝術家。

剛開始到巴黎的那幾年，跟卡洛妲・威勒斯（Carlotta Welles）見面是一件很重要的事，她後來成為我交往一輩子的朋友。聽到卡洛妲這個名字，你可能會想像她是個義大利人，但是她的名字只是個意外。她在阿拉西歐鎮（Alassio）[3]出生後，她父親本來想到法院將她的名字申報為夏綠蒂（Charlotte），但是在正式登記的時候卻被翻譯成一個義大利文，於是便成了「卡洛妲」[4]。威勒斯先生過去在介紹她的時候都稱她為「我們家的小義大利人」。因為她是個堅定不移的美國愛國主義者，所以這句話可惹毛了她。威勒斯先生是西方電氣公司（Western Electric）的駐巴黎代表，而且他負責成立的分公司遍布歐洲與遠東各國。他是電器設備這一行的開拓者，業界的大人物。

威勒斯一家人雖然跟我們同為美國人，但他們都住在法國，而我就是透過卡洛妲跟她的家人才認識法國的。他們在法國杜漢省（Touraine）鄉下有個房子，地點在布赫黑鎮（Bourré）的親河（Cher）河畔。他們和朋友共享那間房子，而我們畢奇一家成員也在那群幸運的朋友裡面。威勒斯先生的閒暇活動是成立一個很棒的圖書館，他在裡面一待往往就是好幾個小時；另外一個興趣是蓋一個地窖——他是個品酒名家。但是一直要等到卡洛妲長大嫁給吉姆・布利格斯（Jim Briggs）之後，家裡才有人跟他討論葡萄酒。吉姆・布利格斯對於醇酒的了解至少跟他岳父不相上下，至於法國美食，他懂得更多了。

那一座莊園可以眺望蜿蜒而細小的親河，莊園風景美得像是古老的法式織錦一般：莊園由一新一舊兩棟房子構成，花園隨著梯形的地勢往下延展，一小片樹林向上延伸到小丘上，而往下到靠近河岸邊的地方，都是種植著食材的圍牆花園之範圍。坐著平底小船就可以跨河到小島上。這一切讓畢奇家的幾個小朋友都感到目眩神迷。

每當威勒斯家的醫生建議家人帶她遠離學校，走向戶外時，我就會花些時間陪她。我受邀成為卡洛妲的玩伴，我們那段漫長的友誼就是這樣展開的。卡洛妲是我認識的第一個賞鳥人，這個穿著格紋洋裝，喜歡挖苦別人而獨立的小女孩（威勒斯一家都喜歡挖苦別人），花了很多時間待在大樹上，她總是用望遠鏡窺視著鳥兒們。

在這一趟歐洲之旅期間，我度過了僅有的幾個月學校生活。荷莉與我去洛桑市（Lausanne）上學——在那裡，由於兩位主持學校的女士有著奇怪的想法，她們的教誨比較適用於感化院裡面的頑劣混混，而不適用我們這些溫順的小姑娘。我學了一點點法文文法，但是日子很苦，我媽很快就把我帶回去了。就在那時候，我開始南下去布赫黑鎮陪伴卡洛妲，如果不是想著荷莉，我會過著百分之百的快樂日子：她還待在學校裡，一天還是只有兩次的機會可以出來走走，但是一定要兩人一組，而且在教室裡也不能隔窗眺望日內瓦湖，除了散步之外，不能跟任何人講話；還有，唱歌時要口含軟木塞以保持嘴巴開開。但是個性像苦行僧般的荷莉始終忍受這一切。

離開巴黎後我們去了普林斯頓。爸爸很高興被派往普林斯頓，因為他在那裡度過學生的日子，早把那兒當家了。媽媽也快樂：如果有人問她想住哪個城鎮，普林斯頓會是她的選擇。我們在位於圖書館區（Library Place）的殖民地時代牧師公館住了下來。那地名是否影響我後來選擇了圖書這一行？普林斯頓當地到處綠樹如茵，鳥兒成群，看起來比較像是個花花綠綠的公園，而不像是個城鎮。畢奇一家都覺得自己有幸可以住在這兒。

有關普林斯頓的歷史，我的朋友阿妮絲・史達頓（Annis Stockton）是個權威人物，我跟阿妮絲一起坐著史達頓家的馬車共遊戰場遺跡，前頭拉著車子的是一匹叫做瑞狄的馬兒，我們兩人座位中間，則擠著一隻叫做洛克的德國達克斯獵犬。阿妮絲告訴我，華盛頓的手下曾在第一長老教會教堂裡的座椅旁餵馬吃燕麥。而阿妮絲的祖先是美國獨立宣言的宣讀人——她家牆上還掛著班傑明・富蘭克林（Benjamin Franklin）與莎拉・貝琦（Sarah Bache）[6]的肖像。

許多歷史上的重要人物（不管是已經或者即將創造歷史的人）都參加了父親主持的教堂集會，其中包括：詹姆斯・加菲爾（James Garfield）總統的家人，葛洛佛・克里夫蘭

（Grover Cleveland）、巫卓・威爾遜（Woodrow Wilson）兩位總統本人與其家人。媽媽在之前就曾見過美麗的克里夫蘭夫人，當時她倆正好都剛新婚。他們家有兩男兩女一共四個小孩，舉手投足都規矩有禮，像他們那樣有教養的人後來再也看不到了。

至於巫卓・威爾遜，他是個充滿學者風範，喜歡平靜生活的人，不過後來事情並未如他所願。他的話不多，但只要一開口就會讓每個人津津有味地傾聽。他的幾個女兒都非常崇拜他，他則是個愛家的男人。如果他離家，瑪格芮特、婕西與愛勒諾三個人就會悶在家裡，直到他回家。瑪格芮特喜歡唱歌，但因為威爾遜家沒有鋼琴，她常會到牧師公館找我妹妹西普莉安，要她幫她伴奏。

巫卓・威爾遜曾談起一個有趣的巧合，是關於我妹妹荷莉的——當他從普林斯頓前往華盛頓就職時，搭的那一輛特製火車就是命名為「荷莉・畢奇」。

即使在威爾遜一家遷往華盛頓之後，還是把父親當作他們的牧師。婕西與愛勒諾結婚時，兩次都把父親找去主持婚禮；而且，在威爾遜總統的要求之下，父親也成為他葬禮上的牧師之一。

住在普林斯頓期間我們還是常常到法國去玩或者長住——有時全家一起去，有時只去了一兩個人。我們都真心熱愛著法國。有位住在普林斯頓的朋友也跟我們一樣愛法國：她是瑪格莉特・斯洛恩（Margaret Sloane），她父親是拿破崙傳記的作者威廉・斯洛恩（William

Sloane）教授。某個炎熱的星期天早上，瑪格莉特在第一長老教會教堂目睹我妹妹西普莉安坐在前排座位上，吹著一台大電風扇，上面除了裝飾了一隻黑貓，還用法文寫著「有隻黑貓」（Au Chat Noir），跟巴黎一家知名酒館同名。瑪格莉特覺得很有趣。

紐約知名的出版家班・胡布許（Ben W. Huebsch）先生還記得我這個雪維兒・畢奇，大概在一九一六那年我從普林斯頓到紐約去找他，向他請教未來生涯規劃的問題。儘管我很仰慕他，但還是不該佔用他的時間。他是個大好人，在我印象中，他鼓勵我去實現當時一個有關書店的模糊構想。我從未懷疑自己跟胡布許先生之間有一種神祕的關聯性——跟他不同之處在於，我這位追隨者後來幫喬伊斯出了書。

譯注

1 拉法葉侯爵（Lafayette）：全名吉勃・杜伊・摩提埃爾（Gilbert du Motier, 1757-1834），是一位法國軍人，美國革命戰爭期間擔任喬治・華盛頓（George Washington）將軍麾下的大將，後來又參加法國大革命。

2 即後來的普林斯頓大學；普大與長老教會跟普林斯頓神學院有密切的關係。

3 義大利西北海岸的一個城鎮。

4 同樣的名字在英文與義大利文裡面可能會有不同寫法。例如Mark在義大利文裡面會寫成Marco，Jordan寫成Giordano（義大利文沒有J這個字母，以Gio發J的音）。「Cha」在義大利文裡面跟「Ca」是一樣的，所以會被改寫。

5 普林斯頓地名。

6 莎拉・貝琦（Sarah Bache）是富蘭克林的女兒，全名是莎拉・富蘭克林・貝琦。

2 灰暗的小書店

皇宮花園

我在一九一六年前往西班牙，在那裡待了幾個月。一九一七年我前往巴黎。我對當代法國文學的興趣維持了一段時日。現在我要說的是我為何會開始產生興趣。

我妹妹西普莉安也在巴黎。她想唱歌劇，但是因為戰爭正在進行著，時機不太恰當。因此她轉而往電影圈發展。我抵達不久後，姊妹兩人就開始一起生活，有段時間住在皇宮區附近。西普莉安在戲劇界有很多朋友，透過他們介紹她才發現這個有趣的地方——這裡是演員常常來的地方，而且基於某些理由，也常有西班牙人出現。我們住在皇宮花園（Palais Royal）另一邊的旅館裡，據說約翰・霍華・潘恩（John Howard Payne）[1]就是在這裡寫下他的《甜蜜家園》（*Home, Sweet Home*）。想想看，他那一句「在歡愉與宮宇」居然是在如此破落老舊的「皇宮」中寫下的，真是令人神往！隔壁就是皇宮劇院，上演的都是全巴黎最淫穢的戲碼。

儘管劇院跟當地一兩家書店跟情色擺脫不了關係，當時皇宮區還是一個很高尚的地方。我看的旅遊指南裡面寫著，早年當奧爾良公爵（Duc d'Orléans）——應該說是他兒子攝政王（Regent）[2]——還在時，這裡就是他的宅邸與舉辦舞會的地方。旅遊指南上還寫著，他在牆上懸掛許多繪畫大師的作品，沙皇彼得大帝訪問巴黎時，也是由他負責接待的。多年來皇宮區未曾整修，它的商場裡到處是浪人蕩婦，難怪這裡除了「珠寶店與圖書館之外，到處是散發著半裸風情的交際花」。指南上最後寫著，皇宮區吸引來了這樣一群令人討厭的人士，以致於它變成一個需要「道德重整」的地方，當然也因而「不再有趣而受歡迎」。但我們倒是覺得這地方挺鮮的。

我們的窗戶可以眺望花園。花園中央有個噴泉，再過去矗立著雕刻家羅丹（Rodin）所雕塑的文豪雨果（Victor Hugo）。附近的頑童在漫天塵土中用他們的小鏟子挖掘著步道；老樹裡到處是鳴禽棲息著，盯著牠們的，是這花園真正的主人——那些貓兒。

一道露台圍繞整個皇宮而建，我們打開窗戶就直接通往露台。如果你好奇鄰居過著怎樣的生活，只要走上露台就可以跨進他的窗戶——這種事真的在我們身上發生過。有天傍晚我們靠在敞開的窗邊坐著，一個看起來很快樂的年輕人出現在露台上，隨後他很熱情地張開雙手，走進我們房裡。微笑的他看來很愉悅，向我們自我介紹，說他是隔壁劇院的藝人。但恐怕我們對他卻沒那麼友善，我們把他推出去，關上窗戶。隨後他朝著鈴聲的方向走開消失，我們聽到鈴聲正宣告著下一幕戲即將開演，我們趕緊換好衣服，下樓走向了皇宮劇院的售票處。儘管劇院經理面有慍色，但還是很客氣地聽完我們的抱怨。他要我們描述那個冒失鬼，但我們只說得出「一個留著八字鬍的深色皮膚年輕人」——結果他手下的每個藝人都符合這個描述。所以他建議我們坐在一個靠近前面的包廂，只要那傢伙一上台，我們就可以指認他。我們照著做，大叫「就是那個！」我們一喊出口，所有的觀眾跟演員，包括拜訪我們的那傢伙，全都開始大笑；但他們不是因為那一齣戲而笑，而是嘲笑我們——我得承認，連我們自己都在笑。

沒有人可以苛責那些從窗戶不請自來的傢伙，因為西普莉安實在太美了。可憐的她雖然喜歡在巴黎閒晃，也無法如願，因為每次都被跟蹤糾纏。當時一齣叫做《判官》(*Judex*)的系列電影每週在巴黎各戲院上映，很多小男孩認出就是她在戲裡面扮演「貝蕾・米黑特」(Belles Mirettes)，而一群影迷不論她走到哪裡就跟到哪裡。最慘的一次經驗發生在聖母院(Notre Dame)裡面——當時我們要去聆聽動人的法式古樂，結果合唱團的小男生們認出了「貝蕾・米黑特」，紛紛對她指指點點，相互交頭接耳，直到我們起身離開：我們實在是不想折磨那位合唱團指揮（一位我們很敬重的年輕神父）。

我妹妹的仰幕者也包括阿哈貢（Aragon）——當時在達達主義運動中非常活躍的詩

人。一會兒他在一間巴黎的博物館吹捧自己有多熱愛埃及豔后的木乃伊，一會兒他又跟我說，他已經把愛慕之情轉到西普莉安的身上。後來為了追求西普莉安，他常常到我的書店，有時候會為我朗誦他寫的「字母詩」，詩的標題叫做〈桌子〉（La Table）。所謂的字母詩就是從頭到尾慢慢地重複朗誦字母——例如〈桌子〉這首詩，從頭到尾都一直複誦「la table」這些字母。

在夜間空襲期間，西普莉安和我可以選擇躲進地下室或者留在露台上——我們通常選擇後者，不但避掉了流行性感冒的風險，更可以欣賞美景。但更嚇人的是白天用來掃蕩街頭的德國火炮：綽號「大貝塔」（Big Bertha）。有天下午——那天是耶穌受難日——我在司法大廈（Palais de Justice）旁聽一場審判，受審的是我一個在當老師的朋友，一個激進的反戰份子。突然之間傳來一陣強烈震動，審判因而中斷，我們衝出去後看到河岸對面的聖傑維教堂（church of Saint Gervais）被炮火擊中。城裡各地許多到教堂聆聽知名唱詩演出的人紛紛喪命，可悲的是，一間美妙的老教堂就這樣被毀了。

愛德希娜・摩妮耶的灰暗小書店

有天在法國國家圖書館，我注意到保羅・弗赫（Paul Fort）編的《詩與散文》（*Vers et Prose*）雜誌可以在愛德希娜・摩妮耶（Adrienne Monnier）的書店買到，書店位於巴黎第六區，劇院街七號。我沒聽過書店名稱，對劇院街那一帶也不熟悉，但是卻突然情不自禁地受到那本雜誌的吸引，才注意到這個讓我生命發生重大改變的地方。我橫跨塞納河，立刻抵達了劇院街，街道盡頭的那座戲院讓我想起普林斯頓的那些殖民地時代房舍。劇院街走到一半，左手邊就是一間門上掛著「A・摩妮耶」招牌的晦暗小書店。我凝視著店頭櫥窗裡的書，每一本都很精采；往店裡看，牆邊書架上一些法文書籍都披著「彩晶紙」書衣——它們都等著被送去裝訂，只不過等待時間通常很久。店裡面也到處掛著作家的畫像，看來很有趣。

店裡桌邊坐著一個年輕女子，毫無疑問就是愛德希娜・摩妮耶本人。當我在門邊猶豫是否要進去時，她很快起身打開門，帶著我走進去，讓我感受到溫暖的歡迎之意。這種事在法國倒是很少見，因為法國人通常不太搭理陌生人。但是我發現這是愛德希娜・摩妮耶的個人特色——尤其是當她遇見來自美國的陌生人。儘管我用西班牙樣式的披風與帽子隱藏自己的身分，她還是一眼看出我是美國人。她說：「我很喜歡美國。」我則回答她：「我很喜歡法國。」從我倆未來的合作關係顯示，我們說的都是真心話。

當我站在敞開的門邊時，一陣強風把我的帽子從頭上吹掉，滾到街上去。愛德希娜幫我追帽子，以一個穿長裙的人而言，她跑得算是很快了。當帽子要從她手邊溜掉時，她一把抓住它，然後細心地幫我把帽子拍一拍之後才交給我。然後我們兩人都大聲笑了出來。

愛德希娜・摩妮耶的身材魁梧，膚色幾乎跟北歐人一樣白皙，雙頰粉嫩，一頭直髮從她好看的前額往回梳。讓人最驚艷的是她的雙眼——她有一雙微凸的藍灰色眼睛，很有詩人威廉・布萊克（William Blake）的味道。她看起來充滿活力，衣著打扮跟她非常搭調，有人曾說那是一種混合了修女與農夫的風格——一襲下擺放到雙腳的寬鬆長裙，白色絲質短衫外面還罩著一件緊身的絲絨背心。衣服的顏色都是灰灰藍藍的，就跟她的書店一樣。她的聲音高昂：她的祖先一定是那種必須隔著兩座山頭講話的高山居民。

愛德希娜・摩妮耶跟我一起坐下，談的當然就是書。她跟我說，她對美國人的作品一直很有興趣。只要是她可以取得的譯本，一定會被她收藏在圖書館裡[3]——一開始她收藏的是自己最愛的作家班傑明・富蘭克林。我跟她說，她一定會喜歡《白鯨記》（*Moby Dick*），但是那本書在當時還沒有法文譯本（尚・喬諾的譯本在稍後出現，愛德希娜果真很喜歡）。之前她沒有讀過美國當代的作品，那些作家在法國還沒有知名度。

對於當代法國文學而言，我只是個生手，但是愛德希娜覺得我有一個好的開始——因為她聽我說我喜歡詩人梵樂希（Paul Valéry）的作品，並且收藏了一本他的《年輕的命運女神》（*La Jeune Parque*）。我們都同意接下來我該讀的是朱爾・侯曼（Jules Romains）——我在美國就已經開始讀他的作品。她還帶著我讀詩人克洛岱爾（Paul Claudel）的作品。我就這樣成為摩妮耶圖書館的會員，該館的正式名稱是「書友之屋」（La Maison des Amis des

Livres），剛開始會員資格是一年，後來不斷延續下去。

一次大戰的最後幾個月裡面，轟隆隆的炮聲離巴黎越來越近，我花了很多時間在愛德希娜・摩妮耶的灰暗小書店裡，不斷有法國作家順道來書店走一走（有些還是從前線回來的，身上一襲軍裝），跟她熱烈地談天說地，其中有一個人總是在她桌邊坐著。

還有那些我從未錯過的「讀稿會」。會員受邀到「書友之屋」來聆聽作家朗讀自己尚未出版的書稿，或者像梵樂希的作品則是由他的朋友紀德（Gide）代讀。小小的書店被擠得水洩不通，連桌邊的讀稿人都快被擠翻了，每個人都屏息聆聽著。

穿著軍裝的朱爾・侯曼為我們朗讀他寫的〈歐洲〉（Europe），一首以和平為主題的詩。梵樂希則是談論著愛倫坡（Poe）寫的散文詩《我得之矣》（*Eureka*）。安德烈・紀德讀稿的次數很多，其他來讀稿的還包括尚・舒倫伯傑（Jean Schlumberger）、維雷里・拉爾博（Valery Larbaud）以及列昂—保羅・法格（Léon-Paul Fargue）。偶爾還會有像是艾瑞克・薩提（Erik Satie）與弗朗西・埔朗（Francis Poulenc）的音樂節目；後來則是有詹姆斯・喬伊斯——不過那是莎士比亞書店加入「書友之屋」之後的事情了。

我相信當時只有我一個美國人發現劇院街這個地方，並且參與了當地精采的文學活動。我的書店之所以能夠有所成就，也都多虧了我在愛德希娜・摩妮耶的書店認識了那些法國朋友。

每隔一段時間，我都會暫時離開文學的世界。例如有一整個夏天，我都在擔任農場志工——因為所有男性農夫都上前線打仗了。小麥收成後，我會在杜漢省的葡萄園裡摘葡萄；後來我妹妹荷莉又在美國紅十字會幫我謀了一份差事，我們一起到貝爾格勒(Belgrade)待了九個月，為英勇的塞爾維亞人分發睡衣與浴巾。到了一九一九年七月我才又回到巴黎。

譯注

1 美國演員、劇作家。

2 菲利浦一世是第一任奧爾良公爵，這裡說的是他兒子菲利浦二世，曾在一七一五到一七二三年間當過法國攝政王。

3 當時她們開的書店是可以借書的。

3 莎士比亞書店開張

自己的書店

長久以來我一直想開家書店，後來這願望已經變成一種無法自拔的渴望。我夢想開一家法文書店，不過是幫愛德希娜•摩妮耶在紐約開一家分店。我希望自己所仰慕的那些法國作家能在我的祖國打開知名度。然而，我馬上發現，儘管我媽媽願意冒險把她那微薄的存款投入我的事業，但那些錢根本開不起一間紐約的書店。儘管並不情願，我還是得放棄這個迷人的構想。

本來我以為愛德希娜•摩妮耶會感到很失望，因為我沒有辦法在祖國幫她的書店開一家分店。但是她反而很高興。因此，才沒多久的功夫，我眼前就出現了一間自己的書店：只不過那是一間位於巴黎的美國書店。我的資金在巴黎可以做更多事，而且店租與當時的生活費都比較低。

我看到這些優點，而且我必須承認，因為自己實在太愛巴黎，在那裡定居成為巴黎人實在是很誘人的一件事。而且愛德希娜已經有四年的書商經驗——她的書店不但是在大戰期間開張的，而且也沒有倒店。她答應我在開店之初為我提供意見，而且為我介紹一堆顧客。就我所知，法國人很喜歡認識新的美國作家，因此我覺得，一家開在塞納河左岸，專門賣美國書的小書店似乎會很受歡迎。

在巴黎要找家空的店面是很難的。要不是愛德希娜發現有個地方要出租，我可能要花點時間等待我想要的店面——地點在杜皮特杭街（rue Dupuytren），只要轉個彎就可以從劇院街轉到這條小街。儘管借書、出版以及自己的寫作等事情讓她非常忙碌，她還是擠出時間幫我進行準備工作。我們趕到杜皮特杭街八號——這條像小丘一樣起伏的小街大概只有十號——看到一間百葉窗放下來的店面掛著「店面招租」的牌子。愛德希娜說它本來是一家洗衣店，她指著大門兩側的兩個字對我說：一邊寫著「大件」（gros），另一邊寫著「小件」（fin），意思是他們接手的衣物從大床單到昂貴的亞麻衣物都有。胖嘟嘟的愛德希娜自己站在「大件」的下面，並且叫我站在「小件」那邊，然後她說：「這不就是說我們倆嗎？」

我們找到門房，她是一位戴著黑色蕾絲帽的老太太。跟一些老舊巴黎房舍的門房一樣，她也住在兩樓之間的小房間裡。她帶著我們去看店面，我一看到就毫不猶豫地把它當成「我的店面」了。店裡有兩個房間，中間隔了一道玻璃門，從台階走上去就是位於後面的那個房間。前面房間有個壁爐，前方矗立著女洗衣工使用的火爐，上面還擺放著熨斗。後來，詩人列昂—保羅・法格憑著猜想，把那個火爐畫了下來，連熨斗擺放的位置也絲毫不差。他對洗衣店似乎很了解——可能因為幫他熨襯衫的是個漂亮的女洗衣工。他在那幅畫上面簽下「列昂-煲爐・法格」（Léon-Poil Fargue），因為法文的火爐（poêle）聽起來跟「保羅」沒什麼兩樣。

愛德希娜看著玻璃門想起了某件事。是的，她以前看過這地方。她還是個小孩的時候，有天跟媽媽一起來過這裡。當其他女人忙得不亦樂乎之際，小女孩掛在門上盪來盪去，結果當然把玻璃給砸碎了。她也記得，回家後還被打到屁股開花。

有關於這房子的一切都讓我感到很愉悅，包括那親愛的老門房，大家都叫她一聲「噶胡斯特大媽」，還有房子後面的小廚房以及愛德希娜玩耍的那一扇玻璃門，更別說這裡的房租實在有夠低廉。我回去再考慮一下，而「噶胡斯特大媽」也要考慮一、兩天才決定是否租給我：這是法國人的習慣。

不久後我那住在普林斯頓的老媽接到一封我打回家的電報，上面簡單寫著：「在巴黎開書店。匯錢過來。」於是她把所有的積蓄都匯了過來。

打理店面

在把我的小店變成書店的過程中，我享受到很多樂趣。我的朋友萊特—渥欣夫婦（Wright-Worthings）是聖父街（rue des Saints Pères）上古董店「阿拉丁神燈」的店東，他們建議我把潮濕的牆壁貼上粗麻布。有個駝背的室內裝潢師傅幫我做這件事，他用有凹凸紋路的木條把牆角也弄得服服貼貼，連自己都很滿意。一位木匠把書架弄了起來，並且把窗戶改造成展示書籍的櫥窗，店頭幾呎牆面則交給另一個油漆匠。他把那景象稱為「店頭前景」，並且向我打包票，等到他漆完時，保證跟他最近的傑作，也就是「市政廳百貨公司」（Bazar de l'Hôtel de Ville）一樣美輪美奐。然後，一位「專家」前來為店頭漆上「莎士比亞書店」的名號。這名字是某天晚上我躺在床上想出來的——我的「合夥人比爾」[1]（我朋友潘妮・歐賴瑞總是這樣稱呼他）對我的事業一直很有幫助；更何況，他可是個暢銷作家呢。

掛在書店外面的看板是一幅莎士比亞的肖像，出自查爾斯・溫澤（Charles Winzer）之手——他是愛德希娜一位兼具波蘭與英國血統的朋友。愛德希娜不喜歡這構想，但我沒理會她。看板掛在店門上方的一根木條上，晚上我都會把它拿下來；有次忘了，結果被人偷走。溫澤又做了另外一幅，結果還是不見了。後來第三幅是愛德希娜的妹妹做的，充滿法國風味的莎翁肖像，至今我仍保存著。

如今，或許有許多人不知道看板上寫的「書點」（Bookhop）是什麼意思。唉……我們那位「專家」在櫥窗右上方，「借書店」（Lending Library）這三個字的另一邊小心翼翼地寫了這個錯字，我還把它保留了一陣子。不過，當莎士比亞書店剛剛開張時，還像這個錯字的描述一樣，真的很忙碌[2]。儘管這幾位工匠對這家店都很有興趣，但工作狀況可說是「三天打魚，兩天曬網」，有時候我還真擔心他們到了開張當天會不會還沒完工，仍然忙著裝潢、木工與油漆的差事呢。但至少店裡看來會是一副高朋滿座的忙碌模樣。

我店裡所有的「辦公家具」都是古董級的，有一面迷人的鏡子跟摺疊桌是來自萊特—渥欣夫婦的店裡，其他則來自跳蚤市場——在那個年代，那是唯一可以找到便宜貨的地方。

書店中出借的書籍，除了最新出版的以外，都是來自於巴黎那些存貨充足的二手英文書店。這些書可都是古董，有些實在是太珍貴而不該出借；要不是我的會員都很誠實，裡面有一部分可能早就跟書架「分家」了。有一家在證券交易所附近的書店叫做「波渥與雪維列」（Boiveau and Chevillet）：這間店現在雖然已不在，但對於那些願意走進地窖的人而言，它曾是寶庫。那些人必須點著親愛的雪維列老先生提供的蠟燭，在成堆的書裡面翻找寶物——這是多麼危險啊！

當時西普莉安住在美國，她會把最新出版的書寄給我。我自己跑了一趟倫敦，買回兩卡車的英文書，大部分都是詩歌作品。跟丈夫哈洛・門洛（Harold Monro）一起經營「詩歌書店」（一個很棒的地方）的阿莉妲・門洛（Alida Monro）太太，好心跟我說了許多有關詩作出版的資訊以及取得這些資訊的方法。此外我還到處去拜訪出版商，他們都非常客氣，也很鼓勵我在巴黎開這樣一家書店；而且，儘管他們知道我可能是在「燒錢」，還是為我提供一切資源——結果還真的被他們料中了。

回到法國後，從碼頭搭火車回去的路上，我在科克街（Cork Street）上的一間小店停了下來，以訂購葉慈、喬伊斯與龐德的書。店主人是出版商兼書商艾爾金・馬修斯（Elkin Mathews），當時他坐在一個好像迴廊的地方，一堆書就像波浪幾乎淹沒他的雙腳。我們相談甚歡，他對我很友善。我提到曾看過威廉・布萊克的一些畫作——如果我有那種作品可以擺在店裡就好了！當場他拿出兩幅漂亮的原作賣給我：根據後來看過畫作的布萊克專家指出，那價錢實在是便宜得不像話。

我沒辦法開一張進貨清單給艾爾金・馬修斯，只要求他用空運的方式把葉慈、喬伊斯、龐德的書，還有任何他可以找到的這三人的肖像都寄給我。幾天後，艾爾金・馬修斯寄的那一大袋東西運抵巴黎，裡面有我訂的東西，同時還包括好幾十本法國人說的那種「便宜貨」（rossignols）[3]——用這種方式來稱呼那些賣不出去的貨色，還真是詩情畫意。顯然他覺得這可是把那批「鳥貨」一股腦當垃圾倒給我的好機會。除了書以外，袋子裡還有一些巨幅肖像：詩人拜倫的肖像至少有五六張，其他則是像納爾遜（Nelson）與威靈頓（Wellington）[4]等英國歷史人物的畫像。從尺寸看來，這些畫像本來應該是用來懸掛在官方建築上的。我把畫退回去，還把艾爾金・馬修斯狠狠罵了一頓。但是因為那兩張布萊克的畫像，我沒有把這件事放在心上，那位年老的紳士在我腦海中所留下的，只有美好的回憶。

關於倫敦的另一個美好回憶是牛津大學出版社：韓福瑞・米佛（Humphrey Milford）就是在那裡向我展示全世界最大的一本聖經，是專門為維多利亞女皇製作的——那可不是一本可以躺在床上輕鬆讀的書。

莎士比亞書店開張

我並沒有特別為書店選一個開張日，而是決定一旦書店全部就緒，就開門營業。

等到我買得起的書全部上架，還有人們在店裡走動不會被梯子跟油漆桶砸到之後，那天終於來臨了。我從八月就開始進行莎士比亞書店的準備工作，直到一九一九年十一月十九日才開張。櫥窗裡擺著「我們的守護者」莎士比亞、喬叟（Chaucer）、艾略特（T. S. Eliot）與喬伊斯等人的作品。還有愛德希娜最喜歡的英文書：《船上三人行》（*Three Men in a Boat*）。店裡面還有一個書架上擺著都是書評，上面放著《國族雜誌》（*Nation*）、《新共和國雜誌》(*New Republic*)、《日晷》(*Dial*)、《新群眾》(*New Masses*)、《花花公子》(*Playboy*)、《手冊詩評》(*Chapbook*)、《自我主義者》(*Egoist*)、《新英語評論》(*New English Review*)以及其他文藝雜誌。我把兩幅布萊克的畫作以及惠特曼、愛倫坡的相片放在牆上。再來就是兩張王爾德的相片,照片中的他身穿紫色馬褲與披風;西普莉安的朋友拜倫・庫恩(Byron Kuhn)給了我一些王爾德的信件,我把它們跟照片框在一起。店裡面展示的還有幾張詩人惠特曼在信件後面信手塗鴉的小張草稿——那是他本人送給我艾妮斯・歐比森姨媽(Agnes Orbison)的禮物。當艾妮斯姨媽在布琳・毛爾女子學院(Bryn Mawr)讀書時,曾跟她的朋友阿莉絲・史密斯(Alys Smith)一起去坎登鎮(Camden)拜訪惠特曼。(後來阿莉絲嫁給了哲學家伯川・羅素〔Bertrand Russell〕,她的姊姊瑪莉珍〔Mariechen〕則嫁給了藝術史家伯納・布蘭森〔Bernard Berenson〕;她的哥哥則是羅根・畢爾索・史密斯〔Logan Pearsall Smith〕——後來這有趣的家庭故事都被他寫進那本名為《遺忘的年華》〔*Forgotten Years*〕的自傳裡。)阿莉絲的媽媽,漢娜・維托・史密斯(Hannah Whitall Smith)送了一把扶手椅給惠特曼;所以當艾妮斯與阿莉絲到坎登鎮的時候,他們沒有看到老詩人「坐在通道上」,而是坐在扶手椅上。她們看到手稿散落一地,害羞的小艾妮斯甚至發現有些被丟在廢紙簍裡,她鼓起勇氣從裡面抽出幾張,問說她是否可以把它們保留起來——它們其實都是信紙,只是背面被拿來信筆塗寫,每一張的正面都還寫著「華特・

惠特曼先生鈞鑒」。詩人回覆她：「當然可以，親愛的小姐。」這就是我們家取得惠特曼手稿的故事。

有很多朋友早就等著莎士比亞書店開張，所以即將開張時，消息很快就傳開了。然而，開張當天我還是沒有預期會看到任何人。而且我想，那又有什麼關係呢？沒想到，距離正式開店至少還有二十四小時，我的第一批朋友就已經開始出現，當時我每晚用來打烊的活動遮板幾乎都還沒有移開呢（這差事是附近一家咖啡店的服務生為我代勞的）！從那一刻開始，接下來的二十四年我一直忙得不可開交，他們連想事情的時間都不給我。

正如我的預期一般，在巴黎這地方，書籍出借的業務比賣書更容易推展。當時只有陶赫尼茲（Tauchnitz）跟康拿（Conard）兩家出版社幫英語作家出版平價版的書籍，但是銷量甚至比吉卜林（Kipling）與哈代（Hardy）等老作家好不到哪裡去。英美當代作家的書籍對於法國人以及我那些住在左岸的鄰居而言，簡直就像奢侈品一樣買不起——因為英鎊與美金比法郎還要更值錢。這是我為何對借書服務有興趣的原因。所以我進了所有我喜歡的書，並且與巴黎人分享它們。

愛德希娜說我那個圖書館是「美國式的」，不過我不懂她為何這樣講。如果是美國的圖書館員，看到我的地方後，一定會昏倒：因為他們已經習慣了圖書目錄、借書卡索引以及各種機器用具。但是那地方的風格就是我喜歡的：我不用目錄，我寧可讓人們自己尋找，並且發現自己多不常看書；而且也沒借書卡索引，所以除非我的記憶力像愛德希娜那樣驚人，否則我不可能記住我到底把書借給了哪些人。我必須把所有會員卡看過一遍後才會知道誰已經借了一堆書。

說得確切一點，那張大的借書卡上面載有會員名稱、地址、出借日期、書籍以及押金的數量，當然也包括出借書籍的書名，不管是一本還是兩本。每一位會員可以借一到兩本的書，而且隨時可以換書或者是把書保留兩週（喬伊斯從我這兒借了好幾本，有時候一借就是好幾年）。每個會員都有一張小會員卡，每當書籍到期——或者是當會員身上沒錢，要拿回押金時，都得出示那張卡。有人告訴我，這張卡的效力好像護照一樣，讓人可以通行無阻。

我最初的會員裡面有個醫學院的學生，她的學校在與杜皮特杭街相交的那條街上——她叫做黛荷絲・蓓通（Thérèse Bertrand），就是現在的醫學博士蓓通－封丹（Bertrand-Fontaine）[5]。我總是滿懷興奮看著她一步步的成就。她一路通過各種考試，抵達事業的最高峰，成為第一個獲得「巴黎醫院醫生」榮銜的女性——只不過，她出身的家裡清一色都是知名的男性科學家。黛荷絲・蓓通在百忙中把我圖書館裡所有最新的美國書都一一讀過，直到它關門為止，她一直是會員。

紀德是我的下一個會員——我妹妹荷莉都叫他們「可人兒」（bunny），因為跟法文

「abonné（借書人）」這個字諧音。我看到愛德希娜繞過街角，從劇院街一路陪著紀德走過來。我總覺得好像是紀德催促鼓勵我開店。每當他在場，我總是膽戰心驚——但當我跟愛德希娜說這件事時，她卻只回我一聲「呸！」當時，我懷著榮耀而激動的心情在會員卡上寫下：「安德烈‧紀德，家住巴黎市第十六區蒙莫杭希別墅（Villa Montmorency）；會員期限一年，借出書籍乙冊」，緊張到把字都弄糊了。

紀德長得高而迷人，他戴著寬邊牛仔帽，我覺得有點像威廉‧哈特（William S. Hart）[6]。他的肩上不是披著披肩，就是披著某一種「泰迪熊外套」，而且因為他的身高，那獨自跨步走路的模樣也令人印象深刻。多年來，紀德對莎士比亞書店及店裡的一切都很關心。

安德烈‧默華（André Maurois）[7]也是首先來向我致意的人之一，而且他還帶給我一本當時剛剛出版的《布韓博勒上校的沉默》（*Les Silences du Colonel Bramble*）。

譯注

1 「合夥人比爾」指的是威廉‧莎士比亞：威廉的暱稱是比爾。

2 「hop」這個字在這裡有「舞會」的意思；作者指的是書店像舞會一般熱鬧。

3 Rossignols在法文裡面也是「夜鶯」的意思。

4 納爾遜、威靈頓兩人都是抵抗拿破崙的英國將軍。

5 黛荷絲・蓓通（Thérèse Bertrand），嫁人後改姓蓓通—封丹（Bertrand-Fontaine），她在一九六九年成為法蘭西國家醫學院的院士。

6 二十世紀初舞台劇與電影演員，是早期西部默片的代表人物。

7 法國小說家。

4 美國來的朝聖者

祖國的作家們為了爭取自我表達的機會而痛苦掙扎著，但我因人在千里之外，無法掌握詳細的狀況，同時也因此沒有預見這件事對書店的影響。當我的書店在一九一九年開張時，正是大西洋彼岸作家受到打壓之際，而書店卻因此獲利。我想我是應該感激這些「朝聖者」——這些在一九二〇年代漂洋過海來到巴黎，在塞納河左岸定居的人們。我的書店之所以會成功，部分要歸因於他們遭受打壓，還有因為打壓而創造出來的那種氛圍。

讓我驚訝的是，書店開張的消息很快在全美國傳開了，每個「朝聖者」來巴黎後第一個要造訪的地方就是書店。他們全都是莎士比亞書店的顧客，有許多人把這裡當成他們專屬的俱樂部。他們常常跟我說已經把書店地址列為個人通訊地址，希望我不要介意。我是不介意——反正他們都已經做了，還有辦法阻止嗎？所以我只能試著把收發郵件當成書店的附加業務，並且盡可能提高業務效率。

我店裡的顧客每天至少會有一位是曾在《小評論》與《日晷》上面發表過作品的作者。而每一艘從大西洋彼岸啟航的船隻，都會幫莎士比亞書店載來更多顧客。

這些作家之所以像野鳥般飛離美國，當然不能全然歸咎於作品被禁或者遭到打壓。但是像喬伊斯、龐德、畢卡索（Picasso）、史特拉汶斯基（Stravinsky）等等，幾乎每個人來到巴黎的原因都跟這個因素有很密切的關係——但也不是每個人都來巴黎，像詩人艾略特（T. S. Eliot）就是去倫敦。

我有許多朋友聚居在蒙帕那斯區，該區在當時的地位就如同今日的聖哲曼教堂區（Saint Germain des Prés）。他們只要穿越盧森堡花園（Luxembourg Gardens）就可以到書店。

然而我最早的美國客戶裡面卻有一個是從柏林國過來的——也就是音樂家喬治・安塞爾（George Antheil）。我記得，在一九二〇年的某一天，安塞爾與他太太布約絲克（Böske）攜手走進店裡。安塞爾的體格健壯結實，留著淡黃色瀏海，鼻子塌塌的，眼睛看來有趣但是有點邪惡，一張大嘴搭配著咧開的微笑。他看起來就像美國高中男生，或許帶有波蘭血統。而匈牙利裔的布約絲克則長得嬌小俏麗，留著深色頭髮，一口彆腳的英文。

安塞爾的一些想法讓我覺得很有趣，而我們兩個之間還有個共同點，就是都來自紐澤西。安塞爾的父親在川頓市（Trenton）開了一家「好朋友鞋店」（The Friendly Shoestore），就在普林斯頓旁邊；而如今到了巴黎，則是換成安塞爾即將成為我的鄰居。年輕的安塞爾的興趣是音樂而非鞋子，他父親一直打算把他訓練成接班人，但是這計畫到他十八歲時徹底失敗，小安塞爾前往費城去追求自己的音樂生涯。幸運的他吸引了艾德華・伯克夫人（Mrs. Edward Bok）的注意，把他視為未來的鋼琴大師，為他支付學費。後來他真的變成一個鋼琴演奏家，但是一次在德國舉辦的巡迴演奏會途中，他發現自己比較喜歡作曲，而不是詮釋別人的作品，於是便和妻子布約絲克（當時她還是個來自布達佩斯的學生，兩人在柏林相遇）一同前往巴黎。

安塞爾沒能成為演奏大師顯然讓他的贊助人伯克夫人感到失望透頂，一直到他能證明自己的決定沒錯之前，她都不再資助他。短暫的鋼琴家生涯實在沒讓安塞爾賺到多少錢，於是他跟布約絲克便要設法靠著那些剩餘的錢過生活。布約絲克的工作是必須設法讓兩個那麼窮的人能吃得起菜燉牛肉[1]。安塞爾的所有問題我都很了解。

莎士比亞的新顧客通常都是由勞勃・麥克阿蒙（Robert McAlmon）陪著過來的。這位來自美國中西部的年輕詩人是在何時冒出來的?幾乎是我一開店他就出現了。除了來我這裡之外，麥克阿蒙常混的地方還包括「圓頂」（Dôme）、「丁哥」（Dingo）[2]等酒吧還有其他類似的地方——但是他留給人的永久聯絡地址則是「請逕寄莎士比亞書店轉交」，而且他一天至少會晃進來一次。

麥克阿蒙是一個大家庭的么兒，如他所說，他父親是個蘇格蘭—愛爾蘭裔的「流浪牧師」。他們家的其他成員，我只看過他很喜歡的一個姊姊，名叫維多利亞。後來她投身政治圈，顯然繳出一張亮眼的成績單，但我忘記她競選的是什麼職務。

麥克阿蒙的身材不高，除了湛藍雙眼之外，其他部位都長得不好看。但通常這種人都能吸引其他人——他就是這樣，而且只有少數幾個人的魅力勝過他。即使他那充滿鼻音，溫溫吞吞的說話方式，也變成一種魅力。在他稱之為「那一群人」的人裡面，他是最受歡迎的一個。不知道為什麼，不管他走進哪個團體，總能成為其中的領導者。不管他常常光顧哪一家咖啡廳或者酒吧，裡面總會聚著一堆人。麥克阿蒙總是忙著跟朋友分享他那些有趣的想法，或者總是帶著同情心注意傾聽朋友們所遭遇的挫敗，因此自己應該發揮的寫作才華反倒荒廢了。我們這些對麥克阿蒙感到興趣的人總是期待他能在二〇年代文壇上佔有一席之地。不幸的是，他越是想寫作，就越確信自己的努力是沒用的。有次他在來信裡面寫道：「去他的文法，都已經被我丟出窗外了。」他曾說要到法國南部離群索居，並且寫些東西；之後，我接到一封電報：「來對地方，也找對房子。」沒多久就聽到有人說在南部跟麥克阿蒙見了面：「他的房間就在小酒館樓上，我們都在酒館跟他碰面。」

我的工作時間都在日間，而且時間很長，所以晚上不會跟朋友去夜總會；如果我偶爾去一次的話，儘管我不喜歡那地方，但因為有勞勃・麥克阿蒙帶著醉意取悅我們，倒還可以忍受。

詩人龐德夫婦

「涉水」來到我書店的頭一批訪客裡面，還有詩人艾哲拉・龐德（Ezra Pound）與妻子桃樂絲・莎士比亞・龐德（Dorothy Shakespear Pound）——只不過他們不是越過塞納河，而是英吉利海峽。龐德向我解釋，因為潮溼氣候的問題，他們擔心哪天早上醒來發現自己長出了「蹼」，因此不得不「逃離」倫敦——龐德太太對於祖國的這幅景象倒是處變不驚。我發現，倫敦最有名的文學沙龍就是她母親莎士比亞夫人主持的（跟莎翁的姓相較，這個姓氏的字尾少了一個「e」）。

龐德太太怕人們找不到杜皮特杭街，於是向我提議由她在借書單後面畫一張小地圖，我欣然接受。她在這張地圖上署名「D・莎士比亞」，許多顧客按圖索驥來到書店，地圖可以說是書店早期的珍寶。

龐德本人的形象與他在《早期詩集》（*Lustra*）與《散文集》（*Pavannes and Divisions*）卷首的人像畫是相符的。他的服飾包括那一身天鵝絨外套與深具流浪氣質的襯衫3——看來跟當時英國美學主義運動的成員沒什麼兩樣。他看起來有幾分神似畫家惠斯勒

（Whistler）[4]，但是一開口卻又讓人覺得像「頑童哈克」（Huckleberry Finn）[5]。

龐德不是那種會跟人討論書籍的人——不管是他的或者任何人的書（至少他沒跟我談過）。我發現這位現代主義運動的知名領袖絲毫不傲慢。在我們談話的過程中，他確實跟我吹牛——只不過，他說的是自己的木工手藝。他問我店裡是否有東西需要修理，然後就幫我修了一個香菸盒跟一把椅子。我稱讚他的技巧，他則邀請我去他位於聖母院廣場街（rue Notre Dame des Champs）的工作室，去看那些全部是他自己製作的傢俱。他也親自幫所有木工作品上漆。

喬伊斯對那些傢俱的評論是：是作家就不該妄想當木匠。但我卻覺得作家如果想要玩玩「安格黑的小提琴」（violon d'Ingres）[6]，是很好的一件事。我從凱薩琳・卡斯威爾（Catherine Carswell）[7]知道一件很有趣的事：小說家D・H・勞倫斯喜歡清洗鍋碗瓢盆，而且用來擦乾它們的抹布總是保持得乾乾淨淨；而畫家杜樂絲・布萊特（Dorothy Brett）則說當他在墨西哥時幫馬桶上了一層亮漆，還在上面裝飾了一隻鳳凰。

我不常見到龐德，因為他總是忙著創作詩歌或者與年輕詩人混在一起，還有作曲。當時他和喬治・安塞爾正打算徹底改革音樂創作。

來自花街的兩位顧客

書店開張不久後，兩個女人徒步來到杜皮特杭街——其中一人身體壯碩，面容姣好，身穿長袍，頭上一頂好看的帽子狀如籃蓋；跟她一起來的，是一個憂鬱古怪的瘦女人：看見她我就想到吉普賽人。她們就是葛楚・史坦因（Gertrude Stein）與愛莉絲・托卡拉斯（Alice B. Toklas）。

因為我是最早讀過《溫柔琴鍵》（*Tender Buttons*）與《三個女人的一生》（*Three Lives*）的人之一，當然很高興她們成為我的新顧客。還有她們兩個之間從未間斷的玩笑話也使我樂在其中。葛楚總是取笑我這一門賣書的生意，她顯然對此感到很有趣，我也是樂此不疲。

沒有那些玩笑話，她們彷彿就不是葛楚與愛莉絲了，而且兩人講的話總是一搭一唱：因為她們顯然是從同一個角度觀察事物，這種事只有兩個完全「臭味相投」的人才做得到。但是對我而言，她們倆的個性卻是截然不同的。愛莉絲的手腕比葛楚高明多了，而且她是個成熟的人：葛楚好似個孩子，像天才兒童。

葛楚成為我的圖書館會員，但抱怨店裡的書都很無趣。她義憤填膺地問我說：像《寂松之跡》（*The Trail of the Lonesome Pine*）與《林柏洛斯沼澤地的女孩》（*The Girl of the Limberlost*）等美國人的傑作都到哪裡去啦？這對於一個圖書館員來講，實在是一大恥辱。

我想盡一切辦法弄到葛楚・史坦因的作品，我真想問她：當時巴黎還有哪家圖書館能夠拿出兩本《溫柔琴鍵》來借給讀者？為了彌補她對於莎士比亞書店的偏頗批評，她捐了好幾本自己的作品給我：有些很難弄到的書，例如《住在庫羅尼亞別墅的梅寶・道奇之速寫》（*Portrait of Mabel Dodge at the Villa Curonia*），還有書名很嚇人的《他們攻擊瑪莉了嗎？他咯咯笑了——政治諷刺文》（*Have They Attacked Mary: He giggled. A Political Caricature*）。還有她為攝影師史蒂格利茲（Stieglitz）[8]創辦的《攝影作品》（*Camera Work*）雜誌特刊所撰寫的，有關畢卡索、馬蒂斯（Matisse）的作品。但我最為珍惜的，還是《美藍查》（*Melanctha*）[9]的第一版，上面還有葛楚贈書給我的題詞。我真該把它鎖起來的，結果有人從書店裡把它偷走了。

葛楚加入會員只是好意贊助我而已：當然，除了她自己的書以外，根本沒有別的書可以讓她提得起勁。但是她確實幫我的書店寫了一首詩，而且在一九二〇年的某天拿來給我看，詩的標題是：〈英語的豐富與貧脊〉（Rich and Poor in English），副標題是「以法文與其他拉丁語系語言閱書」這首詩可以在耶魯大學幫她出版的《彩色花邊》（*Painted Lace*）詩集（第五集）裡面找到。

我常常見到葛楚與愛莉絲。或者是她們到店裡來「視察」我的生意好不好，或者是我到她們靠近盧森堡花園的花街「公館」去。公館就在盧森堡宮的後面。葛楚總是伸直身體躺在沙發床上戲謔說笑，而這座「公館」就跟它的住戶一樣迷人——牆上掛的都是畢卡索在「藍色時期」[10]的傑作。葛楚也向我展示了她畫冊裡收集的畢卡索作品，數量還真不少。她說她跟哥哥李奧（Leo）早就說好了，一人可以分一半他們收藏的畫作；他選了馬蒂斯，她則選畢卡索。我記得我還看到一些西班牙畫家璜・格里斯（Juan Gris）的作品。

有次葛楚跟愛莉絲開車帶我一起去鄉間。那一輛被暱稱為「高狄」（Gody）的車，是一輛會發出各種噪音的老福特，陪她們一起度過一次世界大戰，在大戰期間完成許多工作。葛楚向我展示「高狄」的最新配備：一對可以從車內隨時開關的車頭燈，還有一個電子點菸器。我爬上葛楚跟愛莉絲身旁高高的座椅，一路呼嘯前往米德芮・阿德莉希（Mildred Aldrich）筆下的「馬恩省的丘陵」（hilltop of the Marne）[11]。開車的是葛楚，而且，車子過不久爆胎後，下車修理的也是她。當我和愛莉絲在路邊閒聊時，她的嘴巴一刻也不肯放鬆，忙著插嘴。

如果要那些葛楚的仰慕者在沒有人陪伴的情況下去見她，他們可能會被「嚇傻了」——直到與她見面後，他們才會發現她有多和藹可親。所以那些可憐的傢伙總是來找我，好像把我當成旅行社裡的嚮導似的，求我帶他們去找葛楚。

與葛楚及愛莉絲在晚間的見面，都是她們事先安排好的，兩位女士都會打起精神，耐著性子在「公館」裡接待他們，她們倆總是充滿熱忱又好客。

最早的「遊客」裡面有我的一個年輕朋友史帝芬・班奈特（Stephen Benét）[12]，他在一九一九到一九二〇年間常常到莎士比亞書店去閒晃。在書店最早的一些新聞照片裡面或許可以看到他的身影——那傢伙透過眼鏡看著一本書，相較於書店後方的我跟我妹妹荷莉，看起來嚴肅得多。

在史帝芬的請求之下，而且基於他是個可靠的人，我帶他去拜訪葛楚。這都是他跟充滿魅力的蘿絲瑪莉結婚前的事了，後來他也把她帶到店裡來。他與葛楚相見甚歡。我記得他提到自己有西班牙的血統，而因為葛楚與愛莉絲喜歡任何跟西班牙能夠沾上邊的人、事、物，她們對他也就有了興趣。但是我覺得他們見面後就沒有下文了。

舍伍德・安德森

另一個請我帶他去花街的「遊客」是舍伍德・安德森（Sherwood Anderson）。某天我注意到門階上有一個看起來很有趣的人徘徊不去，櫥窗裡的一本書吸引了他的注意。那本書是剛剛在美國出版的《小鎮畸人》（*Winesburg, Ohio*）。很快地他走進店裡，自我介紹說那本書是他寫的，而且他沒有看到巴黎有其他任何書店擺著那本書。我不意外，因為我自己為了找書也跑遍了整個巴黎——有間書店還跟我說：「安德森？是安徒生嗎？抱歉，我們只有賣童話耶。」

舍伍德・安德森嘴裡有一堆故事，他說的都是自己的遭遇、做的事，還有畢生最重要的決定。我聽他的故事聽得緊張懸疑——他說出自己如何突然拋家棄子，放棄收入豐厚的顏料事業，選擇某天早上一走了之，不再因為想要受人敬重而受局限，不再因為想過安穩的生活而背負重擔。

安德森是一個充滿魅力的人，我很喜歡他。我發現他身上兼具詩人與福音書作者的氣質（但不是愛說教的那種），感覺起來又像個演員。總之，他是最有趣的人。

我知道愛德希娜會喜歡安德森，安德森也會喜歡她，所以我把他帶到她的店裡去，她也確實受到他的感染。很快他便受邀成為晚餐嘉賓，愛德希娜煮了一隻她最拿手的雞，結果雞跟廚藝都大受歡迎。安德森與愛德希娜相談甚歡，交談時她用蹩腳的英文，他用蹩腳的法文。他們發現兩人的理念有許多相似之處；儘管語言有所隔閡，愛德希娜卻比我更了解安德森。後來她這樣跟我形容安德森：她說他就像一個在火爐旁抽著煙斗的印地安老女人——「水牛比爾」來巴黎表演牛仔秀的時候，愛德希娜真的有看過印地安老女人。

當安德森初抵巴黎之際，因為他不會說法文，便要我跟他一起去幫他出書的「新法蘭西評論出版社」（Nouvelle Revue Française）。他想要知道自己的作品會變成什麼模樣。在獲准進入編輯辦公室之前，我們等了很久，安德森氣瘋了，威脅要把整個出版社拆掉。那情勢在片刻間看起來好像有一場西部槍戰即將上演——所幸後來他們開門邀我們進去。

安德森告訴我，葛楚・史坦因的作品對他產生了影響，他非常仰慕她，問我可不可以幫他引見。我知道他根本不需要我的引見，但還是欣然同意把他帶到花街去。

這次見面可說是大事一樁。一方面因為安德森處處表現出敬意，一方面他又深深仰慕葛楚的作品，讓她非常高興，而且顯得很感動。安德森的妻子田娜西（Tennessee）也跟我們一起去，但卻未受禮遇。她試著加入兩位作家之間津津有味的對話，但是徒勞無功，而且愛莉絲也把她隔開。我知道作家的妻子們在葛楚家裡是必須嚴守規則與禁令的——她們不會被拒於門外，但是當葛楚與她們的丈夫在說話時，愛莉絲嚴格禁止她們插話。不過田娜西比大部分妻子都還要難搞，她自己坐在一張桌上，一副隨時要加入談話的模樣，當愛莉絲提議帶她去看起居室另一頭的東西時，被她拒絕了。但是田娜西沒有聽到他們說的任何一句話，而我實在同情這位女士所遭受的挫折——在這花街的「公館」裡，作家的妻子們真的有必要遵守這種殘酷的規矩嗎？但是對於愛莉絲那一套對付妻子們的手腕，我還是覺得很有趣。奇怪的是，這規矩只會套用於妻子身上，只要不是妻子，任何人都可以加入葛楚的談話。

年輕作家對於舍伍德・安德森的評斷實在失之於草率，而且他對於追隨者日益減少這件事也感到很痛苦。但他可以說是一位先驅，不管二〇年代那一批作家知不知道，他們都受到了他的深遠影響。

葛楚・史坦因的魅力如此迷人，因此，儘管她總是帶著淘氣的惡意說一些無禮的謬論，大家通常都不會怪她（但也不總是如此）。她說那些話的目的通常是要取笑某人，她也覺得這是最有趣的事。有次我帶著愛德希娜去葛楚她家，愛德希娜就覺得她不怎麼有趣。葛楚宣稱：「你們法國佬根本沒有文學上的阿爾卑斯山，誰比得上莎士比亞呢？你們的文采只有那些將軍的演說裡面才顯現得出來：一些誇張的言語。例如：『汝不可再向前！』（On ne passera pas!）」

我跟葛楚之間的歧見不僅限於法國文學，像我們對喬伊斯的看法也不一樣。當我出版《尤利西斯》（*Ulysses*）時，她很失望；她與愛莉絲甚至到書店來跟我說，她們已經把書店的會員資格轉到塞納河右岸的那間「美國圖書館」。突然失去兩位顧客我當然很遺憾，但是有誰能逼她們留下呢？但是我必須承認，我們住在劇院街的人不敢高攀那種朋友。

因此「友誼就像花朵凋謝，繁華落盡」，至少有一段時間是如此。但是我們之間的敵意也慢慢消退。我們之間的歧見到底是因何而起，那細節誰也記不住。而且我又是那麼喜歡葛楚的作品，不論發生任何事，我都會盡情享受她的文字。

經過一段時間後，我又見到了葛楚跟愛莉絲，她們來書店看我有沒有名作家威廉・狄恩・豪爾斯（William Dean Howells）的書——葛楚覺得他是一位沒有受到應有重視的作家。我店裡有他全部的作品，葛楚與愛莉絲一口氣把它們都搬回家。

一九三〇年快結束之際，有天我和喬伊斯去我們的朋友，美國雕刻家喬・戴維森（Jo Davidson）的工作室去參加宴會。因為葛楚與喬伊斯一樣都被雕塑成半身人像，所以也去了。他們未曾謀面，所以在他們兩個同意之下，我把他們介紹給對方，並且看他們很平靜地握手致意。

真是多虧了喬・戴維森！他走了我們是多麼想念他。

最後一個被我帶去看葛楚的人，是「嚇呆了」的恩尼斯特・海明威——他們吵架後，他想跟她合好，但是沒有勇氣自己去。我鼓勵他做這件事，並且承諾跟他一起去當時葛楚跟愛莉絲住的克西斯汀內街（rue Christine）。我覺得海明威自己去應該會比較好，所以一路陪他走到門前，對他寄予無限祝福。後來他跟我說，他們又「合好了」。

作家之間的紛爭像野火一樣四起，但是根據我的觀察，最後都會像火堆一樣熄滅下來。

譯注

1 菜燉牛肉（goulash）是布達佩斯最著名的匈牙利名菜。

2 根據小說家海明威的說法，他與另外一位小說家費茲傑羅（F. Scott Fitzgerald）就是再這裡初次見面的。

3 這裡作者寫的是「open-road shirt」，但查不出確切意義為何；但譯者猜測與美國詩人的流浪傳統有關係，例如惠特曼就寫過〈流浪之歌〉（Song of the Open Road）。

4 美國印象主義畫家，但是主要活動地點在法國、義大利與英國等地方。

5 小說家馬克・吐溫筆下的人物。

6 十八、十九世紀法國畫家安格黑（Jean Auguste Dominique Ingres）很喜歡演奏小提琴，因此法文裡面「安格黑的小提琴」是指業餘的嗜好。

7 英國小說家、傳記作家。

8 美國攝影師阿佛烈・史蒂格利茲（Alfred Stieglitz）。

9 這本書其實是《三個女人的一生》這本小說的其中一部，女主角是一位叫做「美藍查」的混血女性。

10 畢卡索早年的創作時期。

11 米德芮・阿德莉希是葛楚・史坦因的朋友，《馬恩省的丘陵》一書是她用書信體寫下的自傳式作品。

12 美國詩人與小說家，曾獲普立茲獎。

5 遇見喬伊斯

《尤利西斯》在巴黎

我在一九二〇年的夏天遇見了詹姆斯・喬伊斯，也就是書店開張那一年。

那是一個悶熱的下午，當時愛德希娜正要去詩人安德黑・史畢荷（André Spire）家裡參加宴會。她堅持要我陪她去，跟我保證史畢荷夫婦會很高興，但是我不敢。雖然我很仰慕史畢荷的詩作，但並不認識他本人，最後，跟往常一樣，愛德希娜還是達到目的，而我們一起前往當時史畢荷夫婦居住的奈伊里鎮（Neuilly）。

他們在布隆涅森林街（rue du Bois de Boulogne）三十四號二樓有一間公寓，我還記得公寓周圍都是如蔭綠樹。史畢荷長得像詩人威廉・布萊克，但是留著聖經那時代的大鬍子，一頭濃密捲髮，熱忱歡迎我這位不請自來的賓客，過一會兒把我拉到旁邊去咬耳朵：「愛爾蘭作家詹姆斯・喬伊斯也來了。」

我崇拜詹姆斯・喬伊斯，出乎意料地聽到他在場的消息讓我怕到想要逃走，但是史畢荷說是龐德夫婦帶喬伊斯過來的——從敞開的門口我們就可以看到艾哲拉・龐德。我認識龐德夫婦，所以就進屋裡去了。

龐德真的在屋裡，在一張扶手椅上伸懶腰。根據我在《信使文學期刊》（*Mercure de France*）上面發表的一篇文章，當時龐德身穿一件很好看而且很搭他眼睛的藍色襯衫——但是他在看到文章後馬上寫信跟我說，他的眼睛絕對不是藍色的。所以我必須把藍色眼睛那部分拿掉。

我看到龐德太太，走過去跟她說話。她正在跟一位迷人的年輕女子交談，於是便介紹她是喬伊斯的妻子，說完後就留下我們兩個自己聊。

喬伊斯太太長得很高，身材濃纖合度。她充滿魅力，一頭捲髮跟眼睫毛都是紅色的，雙眼閃爍著光芒，講話帶著愛爾蘭口音，還有愛爾蘭人那種矜持。她似乎很高興可以跟我用英文交談。她根本不懂別人在說什麼，恨不得大家都說義大利文！她和喬伊斯住過第里亞斯特（Trieste），他們都懂義大利文，甚至在家裡也講義大利文。

直到史畢荷邀請大家在長桌旁坐下才打斷我們的談話——當天晚餐吃的是美味的冷菜。當我們在吃飯喝酒之際，我注意到有位賓客滴酒不沾，儘管史畢荷一直要幫他斟酒，但都被拒絕了，最後他索性把玻璃杯倒立在桌上，這才省去許多麻煩。那位賓客就是詹姆斯・喬伊斯。後來龐德把酒瓶一個個排在喬伊斯的餐盤前，讓他很尷尬。

晚餐過後，愛德希娜與居里昂・班達（Julien Benda）[1]開始討論當時最頂尖的幾個作家——班達在先前才剛剛發表過他的論點。有一群旁聽者手拿他們的咖啡杯，津津有味地聚在一旁。班達攻擊的是詩人梵樂希、小說家紀德、詩人克洛岱爾跟其他一些人。

我讓愛德希娜自個兒去為她那些朋友辯護，然後漫步走進一個書籍已經堆到天花板的小房間。我看到喬伊斯獨自窩在兩個書架之間的角落。

我帶著顫抖的聲音問他：「您是偉大的詹姆斯・喬伊斯嗎？」

他回答我：「我就是詹姆斯・喬伊斯。」

我們握手致意——嚴格來講，不太像是「握手」：應該是說他把軟綿綿，像沒有骨頭一般的手塞進我那堅強而像貓掌一樣的小手。

他的身高中等，削瘦，微微駝背，體態優雅。他的手很引人注意，手掌很薄，左手的中指與無名指上都帶著戒指，寶石鑲在厚實的底座上。他有非常漂亮的深藍色雙眼，雙眼的光芒蘊藏著才華。然而我注意到他的右眼看起來有點怪怪的，而右眼的眼鏡鏡片比左眼還要厚。他留著濃密黃棕色波浪狀頭髮，從高高的額頭髮線往後梳，頭也很大。他給我的印象是，在我見過的人裡面，他是心思最敏銳的一個。他的皮膚白皙，上面有點雀斑，而且泛著紅光。他的下巴留著一點山羊鬍，鼻形很好看，薄薄雙唇的線條看來很完美。我想他年輕的時候應該很英俊。

我覺得喬伊斯的聲音充滿魅力，甜美的聲調像個男高音。他的咬字非常清晰，在發「書籍」（book）與「看見」（look）等字彙以及「th」開頭的字時顯得特別有愛爾蘭風味，而且聲音聽起來特別像愛爾蘭人。除此之外，他的英語跟一般英國人沒什麼差別。他的話不多，但是根據我的觀察，並且特別注意他的用字與發音之後，我發現這無疑地，有一半必須歸因於他對於語言的愛好以及自己的音感，而另一半我相信則是因為他多年來一直在教英文。

喬伊斯說他最近才抵達巴黎。龐德建議他跟家人一起搬來這兒。透過龐德，喬伊斯跟呂德蜜拉・沙維絲基夫人（Madame Ludmilla Savitzky）[2]見了面，而她為喬伊斯一家人提供了她位於帕西（Passy）[3]的公寓，這樣他們才有幾週的時間可以找自己的房子。沙維絲基夫人是喬伊斯在巴黎結交的頭幾位朋友之一，而且她也把《一位年輕藝術家的畫像》（*A Portrait of the Artist as a Young Man*）翻譯成法文，書名是《迪達勒斯》（*Dédalus*）。另一個最早的友人則是珍妮・布萊德利（Jenny Bradley），她翻譯的則是喬伊斯的劇作《流亡》（*Exiles*）。

喬伊斯問我：「妳做什麼工作？」我跟他提到莎士比亞書店。店名跟我的名字似乎都讓他感到很有趣，他的嘴邊出現了迷人的微笑。他從口袋裡面取出一本小筆記簿，拿到眼睛前面很近的地方（我注意到這個動作的時候感到很難過），把名字及地址寫了下來。

突然有隻狗吠了一聲，喬伊斯臉色煞白，全身開始發抖。狗吠聲是從街道對面傳過來的，我探頭到窗外看，發現有隻狗在追球。牠叫得很大聲，但是我可以看到牠並沒有開口咬球。

喬伊斯很不安地問我：「狗要追進來了嗎？牠兇不兇？」（他在說「兇」這個字的時候拉得特別長。）我跟他保證狗不會進來，而且看來也不兇，但是他看來還是很怕，而且每個叫聲都讓他心頭一驚。他說他自從五歲起就開始怕狗，因為「那種禽獸」曾經咬過他的下巴。他指著自己的山羊鬍，說是為了掩蓋傷疤才留的。

我們繼續聊天，雖然我因為眼前出現當時最偉大的作家而心情激動，但喬伊斯的純真態度卻讓我感到很自在。從這次對話直到往後每次交談，我都可以感受到他的才華，而我從不曾遇過能這麼自在聊天的天才之士。

賓客散盡後，愛德希娜四處找我，要跟我一起向史畢荷夫婦說再見。當我跟史畢荷感謝他的熱情款待時，他說希望我不會感到無聊。無聊？我可是跟詹姆斯·喬伊斯見了面耶！

隔天喬伊斯走路來到我們那條陡峭的小街，穿著深藍色斜紋西裝，頭頂的黑色毛氈帽往後戴，削瘦的腳上穿著一雙不是很白的布鞋。他手拄枴杖，當他看到我盯著枴杖時，跟我說那是一根梣木杖，當一艘英國軍艦停靠在第里亞斯特港時，船上一位愛爾蘭軍官送他的禮物。（我心裡在想：「史帝芬・迪達勒斯（Stephen Dedalus）[4]的手裡還是拿著一跟梣木杖。」）喬伊斯的穿著總是有些襤褸，但是舉手投足卻如此優雅，態度也與眾不同，以致於旁人往往不會注意他的衣著。不論他到哪裡，與誰見面，總是能讓人留下深刻印象。

他走進我書店，仔細端詳惠特曼與愛倫坡的照片，接著又看兩幅布萊克的畫作，最後又檢視那兩張王爾德的照片。然後他就往我書桌邊那張不舒服的小扶手椅坐下。

他又跟我說是龐德勸他來巴黎的。現在他有三個問題：他必須找到一個可以收容四口之家的房子，還要供他們吃穿，同時要完成《尤利西斯》一書。第一個問題是最為迫切的。再過兩週沙維絲基夫人就不續租公寓了，所以他必須另覓住所。

而且他也很缺錢。在舉家搬遷到巴黎的過程中，他花光了所有的積蓄，因此他必須找學生。他問我：如果聽說有人需要上課，是否可以為他們介紹「喬伊斯老師」？他說，他有很多教學經驗——在第里亞斯特的時候，他在貝利茲語言學校教了好幾年書，也當過家教；在蘇黎世他也教過書。我問他：「你教哪些語言？」他說：「英語。『這是桌子，這是筆。』還有德文、拉丁文，甚至法文。」我又問他：「那希臘文呢？」他不懂古希臘文，但是現代希臘文他說得很流利——他在第里亞斯特港跟水手們學的。

喬伊斯顯然把語言當作他最喜歡的「運動」。我問他到底懂幾種語言。我們算過後，發現至少有九種——除了母語之外，他會說義大利文、法文、德文、希臘文、西班牙文、荷蘭文以及斯堪地那維亞半島三國的語言。他為了閱讀易卜生（Ibsen）的作品而學挪威文，接著繼續學瑞典文與丹麥文。他也會說意地緒語（Yiddish）[5]，也懂希伯來文。他沒提到中文跟日文——或許他覺得該把這兩種語言留給龐德去學[6]。

他告訴我在戰爭爆發之際他是怎麼逃出第里亞斯特，差一點就逃不出來。奧地利人本來打算把他當間諜逮捕，但是他朋友拉里男爵（Baron Ralli）及時幫他取得簽證，讓他可以帶家人出境。他們設法抵達蘇黎世，在那裡一直待到戰爭結束。

讓我納悶的是，喬伊斯哪有時間讀書呢？他說，在晚間，等教書教完後。他開始感覺到眼壓太高，前往蘇黎世之際眼睛就已經出問題，到那裡之後病情加重，結果得了青光眼。我還是第一次聽到有這種疾病，那病名是如此的美。喬伊斯說：「宛如雅典娜女神貓頭鷹的灰色雙眼。」

他說他的右眼動過手術：或許是因為我注意到他右眼的厚厚鏡片。他簡單地向我解釋手術（我發現，他很習慣向我這類遲鈍的學生提出說明）；甚至畫了一張小圖讓我了解。他認為，在虹膜炎發病之際開刀是個錯誤，他的視力也因此受損。

這眼疾不會造成他寫作的困難嗎？他有時是否會口述，請人代筆？他大叫：「從來沒有！」他總是用手寫稿子，而且必須控制速度，否則會寫得太快。他必須看到自己一字一字親筆完成作品。

我一直渴望聽到有關《尤利西斯》的事，於是便問他是否正在寫。他說：「我是在寫。」（愛爾蘭人回答問題時絕不會用「是的」來回答。）他已經動筆七年了，正試著把它寫完。一旦他在巴黎安頓下來，馬上會繼續寫。

事實上，一位在紐約開業的愛爾蘭裔美國大律師約翰・昆恩先生（John Quinn），正花錢分批買下《尤利西斯》的手稿。每當完成其中一部，喬伊斯就會寄一份校對好的謄本給昆恩，而他則會按照議價匯錢給喬伊斯——錢不多，但不無小補。

我提到《小評論》（*Little Review*）：馬格麗特・安德森（Margaret Anderson）之前設法把《尤利西斯》刊載在它上面，她辦到了嗎？是不是受到更多打壓？喬伊斯看起來很焦慮，因為從紐約傳來的都是一些警訊，他說有消息就會告訴我[7]。

在離開前他問我要如何成為圖書館會員。他從書架上取下《海上騎士》（*Riders to the Sea*）[8]，說要借走。他說他曾把那劇本翻譯成德文，由他自己在蘇黎世組的一個小劇團進行演出。

我在借書卡上寫下：「詹姆斯・喬伊斯，家住巴黎市聖母升天街（rue de l'Assomption）

五號，借期一個月，押金七法郎。」

能夠聽喬伊斯親口訴說他多年來的創作狀況，實在令我很感動。

詹姆斯・喬伊斯，莎士比亞書店的一員

如今喬伊斯已經成為莎士比亞書店這個大家庭的一員，而且是最顯赫的一個[9]，書店中常可看見他的蹤影。他顯然很喜歡跟我那些同胞混在一起，他並且向我透露：他喜歡我們還有我們的語言；當然他也在書裡面用了很多美國方言。

他在店裡遇到很多成為他朋友的作家，包括：勞勃・麥克阿蒙、威廉・伯德（William Bird）[10]、恩尼斯特・海明威、阿契博德・麥克賴許（Archibald MacLeish）[11]以及史考特・費茲傑羅（Scott Fitzgerald），還有作曲家喬治・安塞爾。喬伊斯在他們心目中當然跟神一樣，但是他們對待他的態度比較像是朋友，而不是崇敬。

至於喬伊斯，他總是把旁人當成跟自己是平等的，不管他面對的是作家、孩童、服務生、公主，或是女傭。任何人說的事情他都有興趣；他說他還沒碰過讓他無聊的人。有時我會發現他在店裡等我，注意傾聽我的門房跟他訴說冗長的故事。如果他坐計程車來，司機的話還沒講完他是不會下車的。所有人都覺得喬伊斯很迷人，沒有人可以抵抗他的魅力。

我喜歡看他在街上一邊走路，一邊轉動手上梣木杖，帽子戴在頭部後方的模樣。我和愛德希娜都叫他「憂鬱的耶穌」，這個詞也是我從喬伊斯那裡學來的。還有「歪曲的耶穌」[12]（他在唸「歪曲」這個字時總是把第一個音節給拖長）。

他把臉皺起來的樣子總是能逗我開心——他那時候看來還真像猴子。至於他的坐姿，真的只能用「沒骨頭」來形容。

喬伊斯常常大叫（他女兒還幫他取了一個「驚叫者」的外號），但是他的用語總是很溫和；他從不咒罵別人，一點也不粗魯。他最喜歡的驚嘆詞是義大利文裡面的「對啦！」（Già）他也常常嘆氣。

他講話的語氣總是很平淡，不喜歡用最高級的措辭。即使發生了最糟糕的事情，他也只會說「真煩」，而不是說「快煩死了」。我想他不喜歡「非常——」的講話方式。我有一次聽到他抱怨：幹嘛說「真美啊」？說「漂亮」就已經足夠了啊。

他總是很客氣，而且對人極為體貼。我那些「亂七八糟」的同胞們在書店來來去去總是不跟人打招呼，好像把我的書店當成火車站似的；如果他們打招呼，也只是很簡略地說：「嘿，老海！」或「嘿，小勃！」[13]在這個大家都隨隨便便的環境裡，只有喬伊斯一個人是有禮貌的——而且已經到客套的地步。在法國文學圈裡，作家們都習慣用姓氏互相打招呼。哪怕是詩人梵樂希或者是小說家普魯斯特（Proust），雖然他們筆下的人物尊稱

「戴斯特先生」（Monsieur Teste）與「查律先生」（Monsieur Charlus），但人們也不會稱呼他們為「梵樂希先生」與「普魯斯特先生」。如果你是個弟子，也只要叫他們「老師」（Maître）就好。梵樂希總是稱呼愛德希娜為「摩妮耶」，至於我，他則是跟我其他法國朋友一樣，也叫我「雪維兒」。我知道這種習慣讓喬伊斯很震驚。儘管他稱我們為「摩妮耶小姐」跟「畢奇小姐」，但是沒有人把他這種叫法當作典範，唯一的效果是：人們除了叫他「喬伊斯先生」之外，沒敢用其他稱呼叫他。

當有人在女士們面前提到某些事物時，「喬伊斯先生」的反應也是很奇特的。每當列昂－保羅‧法格在愛德希娜的店裡對一群男男女女講故事的時候，喬伊斯總是臉上一陣泛紅。然而，女士們卻一點也不感到困擾，畢竟這個國家的女人和男人一樣大方。但我很確信喬伊斯很遺憾他好心的編輯女士居然要承受這種「困窘」——只不過，恐怕我已經習慣法格的這些故事了。

但是，喬伊斯倒是不反對把他的《尤利西斯》交到一些女編輯和女發行人的手上[14]。

我每天在書店都可以看到喬伊斯，但如果要看其他家庭成員，就得去他家。他們每個人我都很喜歡：不管是板著臉孔，試圖隱藏內心情感的喬喬（Georgio），還是幽默的露西亞（Lucia）——因為他們在奇怪的環境中成長，所以兩人都不快樂。而身為人妻與人母的諾拉（Nora），總是罵他們無能，連丈夫也不放過。喬伊斯喜歡被諾拉罵「窩囊廢」——

因為一天到晚被人恭維，聽到這話倒像是一種解脫。他喜歡被她動手動腳的。

諾拉是個不讀書的女人，這一點也讓她丈夫很高興。她指著《尤利西斯》對我宣稱：「那本書」她根本沒讀過半頁，她連翻都懶得翻。我可以看得出來：諾拉根本沒有必要讀《尤利西斯》，因為她自己不就是那本書的靈感來源嗎？

諾拉總是抱怨「我丈夫怎樣怎樣」，說他的手總是在那裡東塗西寫的……說他早上還只有一半清醒的時候就屈身去拿放在他身旁地板上的紙筆……說他從來不知道現在是幾點幾分！還有，如果他每次都在午餐上桌之際要出門，那她該怎麼做家事才對？「看看他現在的樣子！像隻蟲一樣癱在床上，又在那裡東塗西寫！」還有那些小孩，沒有人肯花一丁點力氣幫她做事，她說：「全家都是窩囊廢！」這個時候，她那些廢物家人，包括喬伊斯，都會哄堂大笑。沒有人把諾拉的責罵當作一回事。

她曾跟我說：她很遺憾沒有嫁給一個農夫或者銀行家，就算嫁個撿破爛的，也比作家強——當她提到這卑劣的行業時，嘴巴噘得老高。但是我覺得，對喬伊斯而言，娶了她是多美妙一件事！如果沒有諾拉，那他該怎麼辦？他能娶到諾拉是他畢生最幸運的事情，在我認識的所有作家裡，他的婚姻是最幸福的。

喬伊斯努力想要成為一個顧家好男人，一個受尊重的「市民」——或者如舍伍德・安德森所說的「布爾喬伊斯」（Burjoice）[15]——其付出令人感動。這種精神跟《一位年輕藝術家的畫像》裡的「藝術家」顯得格格不入，但是有助於我們去理解《尤利西斯》一書。書中有趣之處在於：史蒂芬不斷離我們遠去，越變越模糊，而布魯姆（Bloom）[16]的身影卻跳出來，變得越來越清晰。我感覺到喬伊斯很快失去了對於史蒂芬的興趣，而介入他們兩者之間的是布魯姆先生。畢竟，在喬伊斯身上我們可以看到很多與布魯姆相似之處。

喬伊斯是真的怕很多東西。但我想他之所以養成這種畏懼的習慣，是為了平衡他在文藝上的無所畏懼。拜萬能上帝之賜，他似乎很怕「交壞運」。耶穌會教士一定順利地把畏懼上帝的觀念植入他心中[17]。我曾看過喬伊斯因為暴風雨而蜷縮在他家公寓的門廊裡，直到風雨結束。他怕高、怕海、怕感染，然後又很迷信，而且全家皆然。看到兩個修女在街上是會倒楣的（有次看到兩個修女，結果他坐的計程車跟另一輛車撞在一起）；數字跟日期都有好運與倒楣之別。在室內開傘、床上擺了男人的帽子都被他當成凶兆，但是黑貓反而被他當成是吉利的。有天到喬伊斯他們家住的旅館時，我看見諾拉正試著把一隻黑貓引進她丈夫躺著的房間，而焦急的他則透過敞開的門觀看她努力嘗試。貓兒不只是幸運的，喬伊斯也喜歡身邊有貓。有次他女兒一隻小貓從廚房窗口掉下去，他懊惱得好像是女兒掉下去一樣。

至於狗則相反，他總懷疑牠們很兇狠。常常在喬伊斯抵達書店之前，我必須把我養的一隻無害的小白狗趕出店外。事實上，他的英雄「尤利西斯」就有一隻忠犬，阿苟斯

（Argos），因為看到主人返家太過高興而死去；但是提醒他這件事是沒有用的，喬伊斯只是笑著大叫一聲：「對啊！」

父權意識濃厚的喬伊斯很遺憾自己沒有十個小孩，他為兩個小孩奉獻一切，而且也從未因為自己沉迷寫作而鼓吹他們努力工作。喬伊斯為「喬喬」（就是他媽媽口中的「喬奇」）及他的聲音感到很自豪。喬伊斯一家人都會唱歌，而且他自己總是遺憾當初選擇成為作家而不是歌者。他總是跟我說：「或許我會表現得更好。」我則會回答他：「或許吧。但是你的寫作表現已經夠好了。」

譯注

1 法國哲學家，小說家。
2 法國翻譯家，主要翻譯英文作品。
3 位於塞納河右岸，屬巴黎第十六區。
4 史蒂芬・迪達勒斯是《一位年輕藝術家的畫像》與《尤利西斯》的男主角。
5 某種猶太民族的語言。
6 詩人龐德翻譯過很多中國詩作，也翻譯過孔子的一些作品。

7 馬格麗特・安德森後來因為刊載《尤利西斯》而遭起訴，辯護律師就是約翰・昆恩。

8 愛爾蘭劇作家約翰・辛（John M. Synge）的作品。

9 作者這樣講顯然是出於她自己對於喬伊斯的崇拜；事實上，她的其他會員也都是文學史上赫赫有名的大家。

10 當時住在巴黎的美國報人。

11 美國作家、詩人，後來成為國會圖書館館長。

12 「歪曲的耶穌」（Crooked Jesus）：「Crooked」這個字當然是指駝背（不管是喬伊斯本人或十字架上的耶穌都是駝著身體的），但是按照喬伊斯的個性，總是喜歡使用雙關語，所以應該也有「不正派」的意思。

13 「Hi, Hem!」別人跟海明威打招呼說的話；「Hi, Bob!」別人跟勞勃・麥克阿蒙打招呼說的話。

14 喬伊斯自己在《尤利西斯》裡面就用了很多被視為「淫穢」的用字與對話。

15 「布爾喬伊斯」是把「布爾喬亞」與「喬伊斯」兩字合併。

16 李奧波・布魯姆（Leopold Bloom）是《尤利西斯》一書中的另一個男主角。

17 喬伊斯讀的學校是天主教耶穌會辦的。

6 對《尤利西斯》伸出援手

此刻，喬伊斯最關心的事情是《尤利西斯》這本書的命運——當時《小評論》正在連載它（或者說正想辦法要連載）；但不論是書或者是雜誌，前景似乎都不被看好。

在英國，哈莉葉・薇佛（Harriet Weaver）小姐為了出版《尤利西斯》而進行的一連串抗爭已經失敗了。薇佛小姐是最早的一位「喬伊斯迷」，她把《一位年輕藝術家的畫像》刊登在她的評論期刊《自我主義者》上，當年還是愛爾蘭新進作家的詹姆斯・喬伊斯就是因此而聲名大噪的。發掘他的人是艾哲拉・龐德——他是一位偉大的「操盤手」，也是一位領導者，帶領著那個以《自我主義者》為活動舞台的「幫派」。其他的「嫌疑犯」還包括：理查・艾丁頓（Richard Aldington）、西妲・杜利托（Hilda Doolittle）、艾略特、溫罕・路易斯（Wyndham Lewis）[1]。

《一位年輕藝術家的畫像》在英國引發廣大迴響，就連小說家威爾斯（H. G. Wells）

也挺身稱讚它，因此薇佛小姐打算把「喬伊斯先生」的第二部小說獻給她的期刊訂戶。一九一九年的《自我主義者》刊載了五次《尤利西斯》，只登到了〈海上遊岩〉（Wandering Rocks）這一章為止[2]。薇佛小姐無法順利把東西印出來，而且期刊訂戶紛紛寫信向她抱怨：像這種放在客廳桌上，適合一家老小閱讀的期刊，怎麼可以刊登《尤利西斯》這種東西呢？有些人甚至因此取消訂閱。

薇佛小姐並未因此放棄。既然有人抗議她把《尤利西斯》登在評論期刊上，她只好把那些期刊上的評論都犧牲掉。照她的說法，她在「一夜之間」把《自我主義者》變成一間「自我主義者出版社」（Egoist Press）；這麼做的唯一目的就是要出版詹姆斯・喬伊斯的全部作品。她先宣告即將出版《尤利西斯》，但計畫卻無法實現。

薇佛小姐企圖以單行本的方式出版《一位年輕藝術家的畫像》，但是卻找不到任何印刷廠製版，因為英國的各個印刷廠聽到喬伊斯的名字就怕。她和喬伊斯在紐約的出版商胡布許先生商量好，要他把編好的完稿寄給她，再用「自我主義者出版社」的名義出版[3]。

薇佛小姐向我解釋為何英國印刷廠那麼挑剔。任誰都不能怪他們過度謹慎，因為，如果政府發現某一本書有爭議性，該負責與繳罰款的不只是出版商，連印刷廠也有事。難怪他們會仔細檢視每一個字，唯恐惹禍上身。後來強納森・開普（Jonathan Cape）先生出了新版的《一位年輕藝術家的畫像》，喬伊斯把出版社的校對稿拿給我看，讓我訝異的是，頁邊空白處居然有那麼多印刷廠所標的疑問符號。

薇佛小姐看得出如果她堅持要出版《尤利西斯》，將會遇到龐大阻力，而且她也看出在當時，該書的出版實在無望。而且她的朋友們都警告她，那本書只會為她招惹一堆令人不愉快的事。所以《尤利西斯》才會漂洋過海到了《小評論》的手上，而且再度遇上麻煩。

《小評論》跟美國政府之間即將展開一場「大戰」。透過喬伊斯，我得知戰場上傳來了令人懊惱的消息。

基於「淫穢」的理由，美國郵政總局官員對雜誌發動了三次扣押行動，然而馬格麗特・安德森與珍・希浦（Jane Heap）兩位編輯絲毫不氣餒；但是第四次扣押卻讓雜誌棄械投降——這次扣押的始作俑者是約翰・桑納（John S. Sumner），防範罪惡協會（Society for the Suppression of Vice）的會長。最後馬格麗特・安德森與珍・希浦因為淫穢出版物而吃了官司，多虧約翰・昆恩的精采辯護，她們最後只被罰了一百美元——但是當時她們已經被搞得欠了一屁股債。令人悲傷的是，那年代最有活力的小型雜誌就這樣消失了！

喬伊斯來我店裡說這消息。這對他不啻是一大打擊，而且我也感覺到他的自尊受損。他語調沮喪地說：「現在，我的書永遠沒有出頭的一天了。」

現在他的書是完全沒有機會在英語系的國家裡出版了，至少在很長一段時間都不可能。而詹姆斯・喬伊斯就這樣窩在我的店裡悲嘆著。

我想到自己可以做些什麼，於是問他：「莎士比亞書店是否能有此榮幸為你出版《尤利西斯》呢？」

他立刻高興地接受了我的提議。我覺得他把偉大的《尤利西斯》託付給我這間好笑的小出版社，實在有點魯莽；但是他似乎很愉悅，我也是。我想我們兩個在當天道別的時候都帶著很感動的心情。隔天他會再過來，聽取「莎士比亞書店顧問」對於這個計畫的看法——這「顧問」的封號，是他自己幫愛德希娜・摩妮耶取的。每當我要做大事前，總會諮詢她的意見，而她也是個很有智慧的諮詢對象；此外，某個程度而言，她也是書店的夥伴。

愛德希娜全然同意我的構想。她從我這裡聽到很多有關喬伊斯的事，我毫不費力就說服她：莎士比亞書店應該解救《尤利西斯》這本書。

當喬伊斯隔天來時，我很高興看到他精神奕奕。至於我，突然有機會能出版自己最推崇的作品，光是想到這件事就很高興。我想自己是幸運的。

我沒有資金與經驗，也不具備出版商的其他條件，但是這些都不能阻礙我，我馬上投入了《尤利西斯》的出版計畫。

第戎鎮的達罕提耶

默希斯・達罕提耶（Maurice Darantiere）先生是愛德希娜的印刷商，他從第戎鎮（Dijon）前來與我碰面。他和父親都是「印刷師傅」。小說家余斯曼（Huysmans）[4]與同時代其他許多作家的作品，都是由第戎的達罕提耶印刷的。

我跟達罕提耶提到《尤利西斯》在英語系國家被禁的情形，他感到很有興趣。我跟他說，我想在法國出版它，問他是否願意幫我印刷。同時我也坦承自己的財務狀況，並預先告知，要等訂書的人付款，我才有錢給他——如果我真的可以拿到錢的話。如果要幫我印刷，一定要先了解這一點。

達罕提耶先生接受了這些條件，願意幫我印《尤利西斯》。他這個人不但夠朋友，而且有冒險犯難的精神。

之後喬伊斯開始一天到晚在店裡「陰魂不散」，為的是掌握這件事的一切細節。我會徵詢他的意見並且通常會接受——但也有例外。例如，他覺得我們只要印個十幾本左右就好了，而且還會有剩的。我用堅定的語氣告訴他：我要印一千本（結果一本不剩）。

我印了一份出版說明，宣稱喬伊斯寫的《尤利西斯》將會以「完整面貌，一字不漏地」（這是最重要的一點）由巴黎的莎士比亞書店出版，時間為一九二一年秋天。說明上還指出這個版本將會限量一千本：一百本使用高級荷蘭紙印製，並有作者簽名，價格三百五十法郎；一百五十本用拱形花紋紙（vergé-d'arches）印製，價格兩百五十法郎；其他七百五十本用普通紙印製，價格一百五十法郎。出版說明上有一張像郵票大小的作者照片，是在蘇黎世拍的，憔悴的喬伊斯下巴還留著鬍子；說明上還節錄了一些批評家的文章，他們從《尤利西斯》第一次在《小評論》上問世就看過它了。出版說明背面是一張空白表格，可以填上訂書人的名字，還有他選擇哪一種紙張印刷的書。愛德希娜自己也有過印書的經驗，她建議我用限量版本的「障眼法」來促銷，這種方式我從來沒聽過。出版說明看起來會這麼專業，也是多虧了她，大家才誤以為我是個出版的老手。達罕提耶先生帶了一些最高級的紙張樣本來給我看，還有他那知名字體的印刷樣本，而我也第一次知道了豪華版書籍的一些規則。

到目前為止，在賣書這一行我還只是個學徒。我的書店也是個圖書館，整個地方一天到晚都是些年輕作家在晃來晃去，他們的寫作事業都還在含苞待放的階段。如今，我發現自己突然也要成為出版商了，而且出的是這麼棒的一本書！該是找個助理的時候了。米赫馨・摩斯柯小姐（Myrsine Moschos）是個迷人的希臘女孩，也是圖書館的會員，她說她願意幫我。這份工作的待遇很差，我盡力勸她打消此念頭，說別的工作會對她比較好，但是她心意已決，還是想來上班。對書店而言，真是一件幸運的事。

我請了一個希臘助理讓喬伊斯很高興，他覺得對於《尤利西斯》來說是個好兆頭。不管是不是個兆頭，我很高興有人能來幫我，而且又是那麼棒的幫手。米赫馨跟在我身邊工作了九年，她是個彌足珍貴的助理，對所有事情跟我一樣興趣濃厚，不怕書店裡一堆需要動手的工作，即使是更困難而精細的工作，例如跟顧客周旋、了解圖書館會員的需求，這一堆需要同情心的工作，她也不怕。

米赫馨的許多資產之一是她家有眾多姊妹，當我們有需要時，總是可以向她們求援。愛蘭娜（Hélène）是摩斯柯姊妹中最年輕的一個，她為書店與喬伊斯之間擔任信差的角色。她總是在早上帶著一個裝滿信件、書籍、戲票和其他東西的行李箱離開，回來的時候，箱子裡也裝滿了一樣重量的東西。喬伊斯總是等待著她那像「打雷一般的腳步」——以一個身材嬌小的人而言，她的腳步算是很沉重的。當她完成信差該做的事情後，喬伊斯會繼續「拘留」她，要她大聲朗讀雜誌文章給他聽；或許讓他感到更有趣的是聽她用法文的發音唸「W・B・葉慈」，而不是文章本身。

米赫馨的父親摩斯柯醫生是個四處流浪的醫療人員。他的流浪旅程幾乎可以媲美尤利西斯，還在九個不同的國家生了九個小孩。摩斯柯醫生介紹一個比尤利西斯更狡猾的傢伙給我認識[5]，只不過他可以說是「聰明反被聰明誤」。為了逃避徵兵，他故意裝聾。躲避兵役成功後，為了安全起見，他還故意裝聾一段時間。結果，當他沒有必要繼續裝的時候，他發現自己已經完全失去聽覺，永遠也聽不到了。我不知道是否有飽學之士知道這案例，也不知道耳科醫生相不相信這件事，但這件事是真的。

米赫馨有許多朋友來自東方的國度。其中有一位年輕的王子是柬埔寨的王位繼承人，也是巴黎某家醫學院的學生。為了向喬伊斯的經典之作致敬，這位本來叫做里塔拉西（Ritarasi）的年輕人特地改名為尤利西斯。

訂書名單中的「遺珠之憾」

《尤利西斯》的訂單很快開始湧進，我們根據訂書者的國籍把訂單分堆放。我所有的顧客以及愛德希娜的許多顧客都列名其中——沒有訂書的人休想離開劇院街。愛德希娜有些朋友的說法讓我覺得很有趣：他們承認自己認識的英文詞彙實在有限，但是都期待在看完《尤利西斯》後可以多認識一些英文字。像紀德雖然總是在口袋裡擺著不同的英文書，讀起來也會有困難（在我們的法國朋友裡，他是第一個衝到店裡來填寫訂書單的）。然而我確信，紀德在第一時間訂書不是出於對《尤利西斯》的興趣，而是他對於我們在劇院街所推動的事，都會因為友情而有興趣。不管什麼時候，只要有人呼籲大家支持言論自由，他總是會給予堅定的支持。但紀德的行動還是讓我感到很驚喜，而且我很感動。愛德希娜說紀德就是這樣一個人。

有天龐德丟了一份訂書單在桌上，引來一陣騷動，因為上面有葉慈的簽名。海明威則是拿出現金訂了好幾本書。

還有就是不屈不撓的麥克阿蒙。為了尋找訂書人，他穿梭來去各家夜總會，而每天清晨在他回家路上就早早把「一疊在匆忙之間簽下的訂單」拿到書店來，其中有些簽名根本就歪七扭八。當《尤利西斯》出版後，我碰到有些人很訝異自己居然是訂書者——但是經過麥克阿蒙的解釋之後，他們總是欣然把書收下。

時間一天天過去，我很納悶為什麼蕭伯納（Bernard Shaw）的名字沒有出現在訂書名單中。基於兩個理由，我覺得他應該會訂書：第一，因為《尤利西斯》裡面的革命思想應該會吸引他；其次，因為他對喬伊斯的狀況很了解，他當然禁不住想要用訂書的方式幫助他的同胞作家[6]。我會這樣想是有理由的，因為在這方面蕭伯納總是很體貼；戴斯蒙・費茲傑羅（Desmond Fitzgerald）[7]的夫人有一陣子曾當過他的祕書，她跟我說，當蕭伯納展現出慷慨大度時，他會對人好得不得了，只是他為人很低調。

我告訴喬伊斯，說我有意寄一份出版說明給蕭伯納，而且我確定他會立刻訂書。這時候喬伊斯笑了，他說：「他絕不會訂的。」

我還是覺得他會訂書。

喬伊斯問我：「你想跟我打賭嗎？」我跟他賭了，賭的是他喜歡的「步兵牌小雪茄」，他如果輸了，則要送我一條絲質手帕（送給我擦眼淚用的嗎？）。

我馬上收到下面這封蕭伯納寄給我的信——他允許我把信公開：

親愛的小姐：

當《尤利西斯》連載刊登出來的時候，我就讀過了一部分。它以令人厭惡的方式記載了一個噁心的文明階段，不過裡面寫的都是實話。我還真想派一隊人馬去包圍都柏林，特別是包圍城裡面十五到三十歲的男性，強逼他們看這本充斥著髒話以及胡思亂想的嘲笑與淫穢之作。或許對妳而言，這本書是藝術作品；或許藝術混雜著激情的題材所造成的激動與熱情使妳這位年輕的野丫頭被迷惑了（妳瞧，我有多不了解妳）；但是對我而言，讓我最討厭的是這本書太真實了：我走過書裡的所有街道，知道全部店名，而且每個人講的話我都聽過也講過。我在二十歲之際拋開這一切逃到英國；四十年後的今天，我透過喬伊斯先生的書知道都柏林還是老樣子，年輕人還是跟一八七〇年代一樣，滿嘴說著鄉巴佬的流氓混話。但令人安慰的是，終於有人深刻感受到這一切，儘管把這一切寫下是多麼恐怖的一件事，還是願意用他的文學天分寫出來，並且逼人們面對它。在愛爾蘭，人們把貓弄乾淨的方式是壓著牠的鼻子去聞牠自己的穢物。我想喬伊斯先生也是想要用同樣的方式把人給弄乾淨吧。我希望這本書能大賣。

我知道《尤利西斯》還有其他的特質，寫的還有其他東西，但是我不想特別去評論其他部分。

因為這份出版說明還包含著一份訂書單，我必須再多說一句：如果妳覺得任何愛爾蘭人，特別是像我這種年紀的愛爾蘭老紳士，會花一百五十法郎去買這樣一本書的話，那麼妳就太不了解我的同胞們了。

您忠實的友人
蕭伯納　敬上

所以喬伊斯是對的。他也贏得了一包「步兵牌小雪茄」。

我覺得蕭伯納的來信充分反映出他的性格，而且很有趣。他說我這個「野丫頭」因為「藝術混雜著激情的題材所造成的激動與熱情」而被迷惑了，這種說法讓我笑了出來。我覺得他似乎費盡心思地表達出自己對《尤利西斯》的感想；雖然他沒有義務買書，但我必須坦承，我很失望。

因為我很忙，所以就不管這件事了；但是聽喬伊斯說，龐德對這件事很在意。我沒有看過龐德與蕭伯納之間的信件，但是喬伊斯曾給我看一張明信片，裡面寫著蕭伯納對此事的最後意見。那是一張仿製「基督聖葬畫」的明信片，祂身邊圍繞著四個流淚的瑪莉[8]。

蕭伯納在這幅畫下面寫著：「在蕭伯納拒絕訂購《尤利西斯》後，詹姆斯・喬伊斯被他的幾位女編輯送進墳墓裡。」然後他又問龐德一個問題：「艾哲拉，我一定得喜歡所有你喜歡的東西嗎？我寧願把這筆小錢留下，龐德夫婦要怎樣就隨他們去吧[9]。」

喬伊斯被蕭伯納的明信片逗得很樂。

儘管蕭伯納不買，有一些「老愛爾蘭」確實付了一百五十法郎購買《尤利西斯》。其中有一部分人甚至花三百五十法郎買荷蘭紙印製的作者簽名版。

注釋

1 理查・艾丁頓，英國詩人。西妲・杜利托，美國女詩人，筆名ＨＤ。溫罕・路易斯，英國畫家、小說家。

2 《尤利西斯》的第十章。《尤利西斯》一書的章節安排與荷馬史詩《奧德賽》有一一對應的關係；在史詩中，奧德修斯（此希臘名字轉寫為拉丁文即為「尤利西斯」）必須注意兩座會移動的海上「遊岩」，避免船撞上它們。

3 胡布許是在一九一六年於紐約出版該書，而「自我主義出版社」則是在隔年於英國出版。

4 余斯曼（Joris-Karl Huysmans）是十九世紀荷蘭裔法國頹廢派小說家。

5 尤利西斯是生性狡猾機智的人物，有「狡猾的尤利西斯」之綽號。

6 蕭伯納也是都柏林人。

7 英國詩人、政治家。

8 在義大利畫家卡拉瓦喬（Michelangelo Merisi da Caravaggio）的原作中，耶穌身邊應該只有三個瑪莉，即：聖母瑪莉、耶穌門徒瑪莉（Mary Salome）以及瑪莉・抹大拉（Mary Magdalene）。

9 這句話的原文是：「I take care of the pence and let the Pounds take care of themselves.」「pence」是英國的一便士硬幣，而「Pounds」一方面指龐德夫婦，一方面也是指英鎊。

7 劇院街十二號

維雷里・拉爾博

有一天喬伊斯說，他想跟一些法國作家見個面。維雷里・拉爾博（Valery Larbaud）是法國最受推崇的作家之一，而莎士比亞書店過去也有幸受到他庇護，所以我覺得喬伊斯跟拉爾博理應見個面。

拉爾博那本多多少少帶有一點自傳色彩的小說《巴赫納布斯》（*Barnabooth*），在許多年輕人之間大為風靡，害他們不知道應該成為巴赫納布斯，或者是成為紀德筆下的拉弗卡吉歐[1]。他的其他作品也很受年輕人的歡迎，包括用西班牙文當書名的第一本小說《費明娜・瑪奎斯》（*Fermina Márquez*），這本書描述他的學校生涯，他小時候被送到一間大部分是阿根廷人的學校去，在那裡他學會了西班牙文，流利得就像是他的母語一樣。如果要看拉爾博最精采的作品，或許要看他的短篇故事集《童稚》（*Enfantines*）。無論是法文或者英文裡面，都有一個特別的字，專門用來指稱「拉爾博書迷」。

拉爾博也是個令人欣喜的散文家。他的作品就像文評家西瑞爾・康那利（Cyril Connolly）所說的那樣，好像會從讀者的舌頭滾過一樣平順（精確的說法如何，我已經忘記了）。

可惜拉爾博在美國的知名度太低，但是南美洲很歡迎他；我的同胞們除了少數人熟悉他之外，大部分都是剛剛發現有這麼一個作家。賈斯丁・歐布萊恩（Justine O'Brien）[2]是最早的「拉爾博書迷」之一，而尤金・裘拉斯（Eugene Jolas）因為精通英、法文，也能欣賞拉爾博的精緻筆觸。據說威廉・傑・史密絲（William Jay Smith）曾翻譯出版他的《富有的業餘作家詩集》（*Poèmes par un riche amateur*）——所謂「富有的業餘作家」指的是他筆下的角色巴赫納布斯——英文書名是《百萬富翁詩集》（*Poems of a Multimillionaire*）。或許現在已經有比較多同胞能夠欣賞他的作品。他的作品就像「酒香」，會讓我想起某些法國醇酒，只不過很難翻譯。而我想這也是原因之一，以致於像拉爾博這種在法國享有盛名的作家，在美國居然不具知名度。

拉爾博這名字也跟一處泉水有關：薇奇鎮（Vichy）的名泉就叫做拉爾博—聖優賀（Larbaud-St. Yorre），發現人就是拉爾博的父親，這也是他們的家族財源。拉爾博跟我說，他母親的家族是來自一個瑞士的新教家庭，是古老波旁家族（Bourbonnais family）的後裔。

父親死時拉爾博還小，養大他的母親與姑姑都不了解他。她們抱怨他為什麼整天讀書，到了可以拿鉛筆時，則開始寫東西，完全不像其他小男孩在戶外玩耍。法國文壇可真幸運，還好拉爾博將他寫東西的習慣持續下去。

把拉爾博跟我湊在一起的是他對於美國文學的愛好。我的工作是向他介紹新進的美國作家，每次他離開書店都會抱走一堆新作家的書。在書店裡，他也有機會跟新作家們面對面接觸。

有一天拉爾博買了一個禮物給我，或者說，給他長久以來庇護的莎士比亞書店。他從一團包裝紙中掏出包好的「莎士比亞的家」——一個小型瓷製模型，是他從小時候就珍藏的。但是不只如此。他拿了一個盒子，盒上有知名玩具兵模型廠商的名號「勒菲佛」（Lefèvre），他從盒裡拿出喬治・華盛頓與隨從的模型，各自騎在不同顏色的奔馬上；同時還有一群西點軍校學生。他說，這一隊人馬是用來保衛莎士比亞之家的。

拉爾博親自監督這些玩具兵的製造過程，而且他還特別前往國家圖書館查詢文獻，確保每個細節都精確無誤，連鈕扣也不能弄錯。他親自為每件玩具上色，還說鈕扣的部分他不能交給任何人處理。

我總是把這一批武力放在書店入口附近的一個小櫥櫃裡。櫥櫃的窗戶用一個暗藏的彈簧栓上，以免一些年幼顧客以及動物因為受不了誘惑而把它們洗劫一空。

奇怪的是，像拉爾博這種愛好和平的人居然擁有大批玩具兵部隊，而且數量一直增加。他抱怨這些小兵開始擠得他在房裡沒地方待，但是卻也不想辦法控制它們增加的速度。他和他朋友皮耶・德拉律（Pierre de Lanux）在這方面是競爭對手，他們總是在尋找罕見的蒐藏品，就算遠在地球的另一端，也會去把他們缺少的某件東西拿到手。他們會交易東西，並且跟其他蒐藏者策劃活動，有時某些享有殊榮的朋友可以受邀參加「閱兵」。愛德希娜和我有幸出席某次活動：當我們看到他家裡的狀況後，才明白了拉爾博為何如此不安。軍隊完全佔據了他的小公寓，到處都可以看到玩具兵的蹤影。但是他向我們保證：其中有一大部分還在床下的箱子裡。

這些士兵或許可以說明拉爾博的另一個興趣：顏色。它們有藍、黃、白等各種顏色，他自己的袖扣跟領帶也有這些顏色。只要他在，鄉下房子的屋頂上也會飄滿了各種顏色——只不過他比較喜歡待在巴黎或者去旅行，所以不常去。拉爾博跟他筆下的巴赫納布斯都是旅行行家及語言專家。他的英文程度好到可以跟專研莎士比亞的學者在《泰晤士報文藝副刊》（*Times Literary Supplement*）上討論莎士比亞對於「丑角」（motley）這個字的運用。

私底下拉爾博是個充滿魅力的人。他有一雙漂亮的大眼，而且眼神是我所見過最和善的。他的身型壯碩，頭部跟肩膀很接近。雙手是他身上最好看的地方之一，而他也引以為傲。讓他自豪的還有雙腳，他每雙鞋都是比適中舒適的尺寸還要小一號，穿的時候要擠進去。他笑的樣子也很迷人——身體默默地微顫，臉頰泛紅。而每次要引用他喜歡的詩句時，他的臉色總會變白。

但是如果你想看到對於拉爾博的最佳描繪，必須要去看愛德希娜的散文選集《愛德希娜‧摩妮耶文集》（*Les Gazettes d'Adrienne Monnier*）。

當拉爾博來到書店時，總問我他該讀什麼英文書；有次他來時，我問他有沒有讀過愛爾蘭人喬伊斯的任何作品。他說沒有，所以我拿了一本《一位年輕藝術家的畫像》給他。他很快把書拿來還，說那是一本很有趣的書，並且他想跟作者見面。

我安排這兩位作家在莎士比亞書店見面，時間是一九二〇年的聖誕夜。他們很快成為好朋友。或許我比任何人都了解拉爾博的友誼對於喬伊斯有何意義——同為文人，拉爾博對喬伊斯展現的慷慨與無私的確是很罕見的。

拉爾博到目前還沒機會讀《尤利西斯》。聽說他因為流行感冒而臥床，我想這是一個把「布魯姆先生」介紹給他的良機。我把上面刊載著《尤利西斯》的所有《小評論》都挑出來，把它們連同花束一起送到病榻前。

隔天我收到一封他寫的信，他說自己「愛死了《尤利西斯》」，而且自從他十八歲讀了惠特曼的作品以來，還沒有為哪部作品如此癡狂過。他說：「它棒透了！跟拉伯雷

（Rabelais）[3]一樣偉大。」

拉爾博讚賞了《尤利西斯》之後，為了推廣喬伊斯的作品，他還開始推動一些計畫。一下病床後，他立刻趕到「書友之屋」跟愛德希娜一起擬定計畫。在一封來信中，他說自己有意把《尤利西斯》的一部分予以翻譯，把它們刊登在一份期刊上。他也宣布要在《新法蘭西評論》上面幫喬伊斯寫一篇文章，而他也接受愛德希娜的建議，在她書店裡以喬伊斯為題發表演講，並且朗讀自己的翻譯。後來他們一致認為也要讀一些英文原文。愛德希娜與拉爾博也同意：為了幫助喬伊斯，朗讀文章的「聚會」必須是要收費的。

我們要喬伊斯從《尤利西斯》裡面挑一些要用英文朗讀的段落，他挑的是從〈賽倫海妖〉（Sirens）[4]裡面選出的。我們找到才華洋溢的年輕演員吉米・賴特（Jimmy Light），當時在蒙帕那斯區活動的《小評論》讀者之一。他同意，如果喬伊斯願意指導他，他就可以幫我們朗讀作品；所以，他們兩個就在我的書店後面開始練習起來，重複讀著：「禿頭派特是個耳聾的侍者……」

同時，《尤利西斯》也進入了打字排版的階段。印刷工跟其他關心這部偉大作品的人一樣，發現這作品已經入侵他們的生活很久了；而且這些文字沒有越編越少，而是越加越多。他們遵照我的指示，喬伊斯想改稿就讓他改，沒想到他貪得無饜。每次校稿就多加文字進去——喜愛喬伊斯的人都可以在耶魯大學圖書館裡，看到當時保存的《尤利西斯》校對稿，那些稿件屬於我的朋友瑪莉安・威拉・強森（Marian Willard Johnson）。裡面充斥著大量的箭頭與星號，為的是要讓印刷工看懂頁緣空白處的字句要加在哪裡。喬伊斯告訴我，有三分之一的《尤利西斯》是在校稿上寫出來的。

直到最後一分鐘，第戎那些受苦已久的印刷工還收到校對稿，還有新東西必須插進去，有可能是整個段落，甚至連頁數都要進行調整。

達罕提耶先生警告我，這些校對稿會讓我花許多額外的錢。他建議我應該提醒喬伊斯，不要超過我的預算；或許他改稿的習慣應該改一改。但是我聽不進他的話——不論是哪一方面，《尤利西斯》的出版必須完全按照喬伊斯的意願。

對於那些「貨真價實的」出版商，我不會建議他們按照我的方式做事，也不覺得作者們應該遵循喬伊斯的先例，照我們這方式搞出版，只有死路一條。我的案例是很另類的。我似乎覺得一切努力與犧牲都是理所當然的，唯有如此才配得上這部偉大的作品。

劇院街十二號

在這一切發生的過程中，莎士比亞書店也搬到轉角的劇院街上。新地點跟舊的一樣，都是愛德希娜發現的。她注意到門牌號碼十二號的古董交易商正在找人承接她的租約，於是她迫不及待來跟我說這件事。我衝到劇院街十二號，心想能在這條街上並且在愛德希娜的對面找到店面，真是我的好運。我幾乎不敢奢望這件事。新店面比舊的大，樓上還有兩個小房間。

所以在一九二一年的夏天，米赫馨和我便忙著把莎士比亞書店搬到劇院街上，我們要搬的東西包括：所有的書、一籃一籃尚未回覆，標示著「急件」的信件、《尤利西斯》以及其他跟喬伊斯有關的物品、那些由我負責發送的出版品以及小型期刊、那些由曼・雷（Man Ray）[5]所拍攝的當代作家照片、還有惠特曼的手稿以及布萊克的畫作。

當我們在新店開始把東西分類歸位時，艾妮斯姨媽的惠特曼手稿不見了，這件事讓我感到意志消沉。我妹妹荷莉也在幫忙搬店，當她問我是否確定已經全都找遍的時候，我幾乎已經放棄希望，覺得在這堆散落的雜物中一定找不到。姊妹有時候實在很惹人討厭——我當然已經全部找遍。但是荷莉說：「如果用我的方式，一定可以找到東西。」我意興闌珊地問她：「什麼方式？」荷莉說：「嗯，你要仔細看過每個地方的每件東西，如此一來東西絕對會出現的。」我說：「真的嗎？」但是並不想理會她。我看到她用她的方式到處摸來摸去，覺得根本是浪費時間。接著她拿起一些紙張問我說：「是這些嗎？」真的就是。我好高興——如果惠特曼在新店一開張就棄我們而去，真不是好兆頭。

於是一九二一年莎士比亞書店搬到了劇院街，並且變得比較有美國風味。儘管愛德希娜是個徹底的法國人，我們也盡力讓她成為書店的一份子。

在沙特與西蒙・波娃出現以前，聖哲曼教堂區的咖啡廳裡到處可以看到安靜的文學家的身影——像是在「雙叟咖啡廳」（Deux Magots）可以看到龐德，在對街的「力普酒館」（Lipp's）可以看到列昂—保羅・法格。劇院街儘管距離聖哲曼大道只有幾步之遙，但除了我們兩間熱鬧的書店以外，整條街就像鄉下城鎮的小街一樣平靜。街上唯一會有人潮通過的時間，是觀眾要前往劇院（Odéon Theatre）[6]或者是從街道另一邊要散場離開劇院時。劇場的表演與街道的氣質一樣都很簡樸，不過有時候會有些大製作人暫時掌管劇院。我記得有段時間是安東（Antoine）[7]主持劇院，《李爾王》是他的主要戲碼，而有一次則是科波（Copeau）[8]進駐——因為佈景太過簡單，法格說他的劇碼是「喀爾文教派的鬧劇」[9]。愛德希娜說她的夢想是要住在一條「另一頭坐落著公共建築物的街道上」，這座劇院實現了她的夢想。

我決定出版《尤利西斯》不久後，手稿所有人約翰・昆恩就前來視察莎士比亞書店的狀況。他是個長得很好看的男人，讓我覺得他很有趣。我欣賞他的品味，除了喬伊斯的手稿之外，他也蒐集詩人葉慈與小說家康拉德（Conrad）的手稿，以及溫罕・路易斯的畫作。而且他也收集了很多印象派畫家作品——後來在巴黎都能以高價賣出。但是我發現他很易怒與暴躁。他第一次看到我們做生意的地方是在杜皮特杭街的小店面，那個地方恐怕沒有給他好印象。可悲的是，店裡居然缺少辦公傢俱與配備，再加上我又是個女的，搞得他疑神疑鬼。我看得出來他會用嚴厲的眼光看待我處理《尤利西斯》的出版工作，而且我感覺得到，就像他講的，這一切都要怪我，「怎麼又是個女人[10]？」

喬伊斯跟我都很喜歡而且想念杜皮特杭街的小店面；但是，昆恩第二度造訪時，剛好我們搬到一個比較寬敞的區域以及街道，他也有更多地方可以一邊走來走去，一邊跟我說教——他不斷訴說著我該擔負哪些責任，還有抱怨龐德引誘他購買的一堆藝術作品，特別是「溫罕・路易斯畫的鬼東西」，還有「葉慈的那些垃圾，連撿破爛的都不屑看一眼」。他特別說明他很高興，因為「《尤利西斯》不會在那破房子裡被出版」，指的當然是杜皮特杭街的舊店面。

可憐的昆恩！他是如此地率直，而且心腸又好！我很高興能夠與他有過短暫接觸，而且耐心聽完他的抱怨。從我後來聽到的傳聞，他跟我見面時一定已經得了重病[11]。

希臘藍與賽琦女妖[12]

幾個月的時間過去了。外地的訂購者開始慌了；因為約定好的「一九二一年秋天」來了又去，而聖誕老人還沒有把《尤利西斯》丟進他們的長襪裡。莎士比亞書店面臨的危機是，有可能必須因為欺騙大眾而遭到公審。因為訂購者都還沒付款，所以也沒有錢可以退，但是我收到一些語氣強硬的信件。我還記得「阿拉伯的勞倫斯」（T. E. Lawrence）[13] 寫信向我要書。不幸的是，我沒有時間寫信跟他解釋這件事——雖然我不像他一樣在沙漠裡面奮戰，但我自己也有一場硬仗要打。

多虧書店裡面的告示版，巴黎的訂購者可以隨時掌握這件事的發展。我報界的朋友們把《尤利西斯》這件事當成全世界都在看的大事，幾乎就像運動賽事一樣——他們是對的，而且俗稱《粉紅報》（*Pink 'Un*）的英國小報《運動時報》（*Sporting Times*）真的登了一篇有關《尤利西斯》的文章，不過那是出書之後的事了。

我碰到的一個問題是《尤利西斯》的書皮。喬伊斯本來希望書皮的顏色是希臘藍，結果讓我們面臨了最大的難處。居然沒有一種紙張有希臘國旗上那種可愛的藍色，誰想得到這件事？達罕提耶一次又一次前來巴黎，每次都發現新的藍色紙張樣本跟飄揚在書店外的希臘國旗不符——國旗是為了紀念尤利西斯而掛上去的。天啊，光是抬頭看國旗我就頭痛！

達罕提耶找紙找到德國去，終於發現了一模一樣的藍色——但沒想到這次是紙質出了問題。他解決這個問題的方式，是把這種顏色用平板印刷的方式印在硬紙板上，這就是為什麼書皮內頁是白色的。

在達罕提耶那間位於第戎，爬滿藤蔓，古老而迷人的印刷廠裡，大家正在熬夜趕工。

第戎鎮位於金丘省（Côte d'Or），該省不但是知名的酒鄉，也蘊含著許多藝術寶藏與美食，還有泡酒的糖漬黑莓，當然也不能忘記第戎的專長：芥末醬——現在又要加上一本「火辣辣」的新書《尤利西斯》。達罕提耶非常喜歡調理特別的菜餚，並且品嘗與菜餚搭配的醇酒；但是他跟那些住在一起的年輕印刷工現在可沒時間留連在餐桌上，也沒時間去欣賞他收藏的那些老舊陶器以及價值不凡的書庫。達罕提耶的時間全被《尤利西斯》給佔滿了。

過沒多久達罕提耶通知我，製版的工作因為稿件難產而停止。拖住進度的是〈賽琦女妖〉那一章，「賽琦」堵在那裡不走了。

喬伊斯花了好一陣時間試著找人把這一章製成打字稿，但是一連九個打字員都辦不到。喬伊斯跟我說，第八個在絕望中威脅要從窗戶跳樓。至於第九個，她搖了他的門鈴，門打開時她卻把打好的稿子丟在地板上就逃之夭夭，跑到街上後就再也沒有出現過。喬伊斯說：「如果她留下姓名與地址，至少我還可以付工資給她。」朋友向他介紹她的名字時，他沒有記住。

那次以後，他完全放棄找人幫〈賽琦女妖〉打字。他一邊嘆氣一邊把「殘缺不全的作品」拿來交到我手中。我告訴他不必多慮，我會找人志願來幫忙這件事。

第一個志願幫忙謄寫〈賽琦女妖〉的是我妹妹西普莉安。她必須整天待在片廠裡，但總是一大早四點就起床了，於是她提議由她在清晨花點時間做這件事。

西普莉安也是《尤利西斯》的仰慕者，而且在那些無法解讀的手稿面前，她簡直就像個專家——之所以能看懂，是因為她的字也寫得亂七八糟。她逐字慢慢解讀喬伊斯的那些符號，直到某天突然被派到其他地方拍外景才不得不中斷，於是我又得找人幫忙。

西普莉安的工作由我朋友海蒙・莉諾西爾（Raymonde Linossier）接手。她一得知我的窘境之後，就提議要幫我謄寫〈賽琦女妖〉；她說，夜裡守在父親的病榻旁，這份工作可以幫她打發時間。

她接下這份工作，而且進展不少——像她這種英文程度的人能做那麼多，已經算是很好了。雖然她後來無法繼續下去，但隨即幫我找人接手，這第三號的志願幫手是海蒙的英國朋友，她很貼心地同意繼續這份工作。根據海蒙的說法，這位女士的丈夫是在英國大使館裡面任職的。

面對這種運氣，我還來不及高興，海蒙就跑來跟我說了一個令人驚駭的災難：她朋友的丈夫碰巧拿起她在謄寫的稿子，看一眼後就把它丟進火堆裡。

我把這消息告知喬伊斯。他說現在唯一能做的，只有等此刻正在漂洋過海的稿子抵達紐約後，再向約翰・昆恩借出被燒掉的那幾頁。

我打電報給昆恩，並且寫信給他，結果他斷然拒絕把稿子借我，即使喬伊斯本人也打了一封電報，發了一封信給他，答案也一樣。我請住在普林斯頓的母親跟昆恩交涉。她跟他通電話，結果把他惹毛了，說了一些我母親那種女士不該聽到的話。顯然昆恩想要把手稿緊抓著不放。

我問他，是否願意讓某人去謄寫我需要的那幾頁，他也不允許。然而，最後他讓步了，讓我們用拍照的方式複製。我及時收到複製的手稿，而且，因為那是「完整打字稿」，而不是經過喬伊斯校對，難以辨認而且把我們搞得雞飛狗跳的稿子。所以這些稿子能夠很快謄好，火速送到達罕提耶手上。

喬伊斯的字跡本來很好辨認，但是經過刪改並加上那些難以了解的符號後，卻變得好像古愛爾蘭文一樣難讀。他在寫〈賽琦女妖〉期間，該章的部分字跡變得難以辨認，我想他越來越嚴重的眼疾是問題的主因。

《尤利西斯》跟喬伊斯的其他作品一樣，全部都是用手寫的。他寫稿時都用鈍頭黑鉛筆，巴黎的史密斯書店（Smith's）有他要的那一種；因為要區分他同時創作的幾個部分，有時得動用好幾種顏色的筆。他對鋼筆一竅不通，而且常被它搞得很迷惑。有次我發現他想添加墨水，笨手笨腳地搞得全身都是墨漬。多年後他的確想到使用打字機，要我幫他弄一台「雷明頓無聲打字機」；結果他立刻拿去跟愛德希娜換她的有聲打字機。但是就我所知，兩台他都沒用過。

譯注

1 拉弗卡吉歐是紀德的小說《梵蒂岡的地窖》（*Les Caves du Vatican*）中的主角。

2 翻譯家，翻譯了許多法文作品，包括紀德、卡謬等作家的作品。

3 法國十六世紀作家。

4 即《尤利西斯》的第十一章。

5 美國達達主義藝術家。

6 「劇院」原名「法蘭西劇院」（Théâtre français），於一七九六年被命名為「劇院」（Odéon），而「Odéon」這個字原本在希臘文裡面就是「劇場」之意。目前該劇院已經改名為「歐洲劇院」（Théâtre de L'Europe）。

7 這裡指的是法國演員兼製作人安德黑・安東（André Antoine）。

8 法國劇導、演員兼劇作家雅克・科波（Jacques Copeau）。

9 喀爾文教派是講究儉約生活的新教教派。

10 先前幫《尤利西斯》連載的《小評論》，兩位編輯也都是女性。

11 昆恩律師後來在一九二四年去世。

12 賽琦女妖（Circe）在尤利西斯回家的路上用魔法把他的同伴們都變成了豬，只有他因為魔花的保護而毫髮無傷，最後還降服了女妖，解救同伴。

13 英國探險家、軍人與作家。

8 二十歲之前就讀完所有東西的人

既然〈賽琦女妖〉的麻煩已經遠離，我以為再來便可一帆風順了——至少能比以往順遂。但是相反的，卻有一個前所未見的災難降臨在我們身上。喬伊斯因為用眼過度以致染上了虹膜炎。

他的孩子們有天來找我，說「把拔」希望立刻跟我見面（他們都是這樣叫爸爸的）。我急忙趕往他們當時居住的小旅館，地點在大學街（rue de l'Université）上，結果發現病情嚴重的喬伊斯躺在床上。他很痛苦，而喬伊斯的太太正在照顧他，她把一桶冰水放在身邊，不斷重新用冰水浸泡敷在眼睛上的布。這件事她已經連續做了好幾個小時，看起來累壞了。她說：「當他痛到無法忍受時，他會起身走來走去。」

我馬上就發現到：儘管他眼睛痛得要死，他還是在想另一件讓他很火大的事。他告訴我到底是什麼事讓他如此懊惱——有朋友帶著一位知名的眼科醫師來幫他看診，醫師剛離開前，說喬伊斯必須馬上開刀，而且他將派一台救護車來送他去診所。這就是為什麼他急著把我找來。在蘇黎世開的那次刀讓他決定，絕對不要在眼疾發作之際開刀。他不容許同樣的錯誤再發生一次。在那個醫生把他拐到眼科診所之前，我決定先找來我的眼科醫師（他曾聽我提起過喬伊斯）到旅館幫他看診。

我疾奔前往和平街（rue de la Paix）：這位眼科醫師的辦公室就坐落在一堆高級服飾名店裡，我衝進去找他。跟我一樣也是美國人的路易・波許大夫（Louis Borsch）曾經在左岸開了一間專門為學生與勞工階級看病的小診所，我曾去看過一次病，他對我很客氣。此刻他又很和善地聽我述說喬伊斯的悲慘病況，但是當我懇求他立刻跟我去一趟時，他說很抱歉，他不能幫一個已經有醫生在照顧的病患看診。他看得出我有多絕望，因此改口對我說：他可以幫忙看診，但是要喬伊斯來一趟。我說喬伊斯的病情太嚴重，無法下床，但是波許大夫很堅持，他說：「儘速把他帶來這裡。」

所以我趕回旅館，喬伊斯說：「那就走吧。」我跟諾拉把這可憐的傢伙弄下床，下樓後坐上計程車。我們好不容易把他帶到城市的另一頭，他到醫師的候診室時已經幾乎昏厥，整個人癱倒在一張扶手椅上面。

喔，那候診室裡面到處都是銀框的牌子，上面寫著感激的題詞，放在一台大鋼琴上，我們在裡面等了又等。

終於輪到喬伊斯了，在護士的攙扶之下，他走進去看診。

他知道這是青光眼，診斷結果並未讓他感到訝異。他只是想知道波許大夫覺得何時才是開刀的恰當時機。醫生說開刀是必要的——雖然他有些同行並不認同。他比較傾向在嚴重的虹膜炎過後再開刀，儘管延後開刀會讓患者的視力受影響。在發炎時開刀的話，如果手術成功，視力是可以復原；但是如果不成功，患者卻會完全喪失視力。波許大夫並不願意冒這個險。

這論調就是喬伊斯想要聽到的，他也鬆了一大口氣。他當下就決定把自己的健康交給波許大夫負責，一旦虹膜炎的病況好轉得差不多後，就要開刀。

波許大夫的老師是一位偉大的維也納眼科醫師，他自己也是聲譽卓著。他給予喬伊斯的照顧，是這麼多年來僅見的；而且喬伊斯還拿他的帳單給我看，他索求的醫藥費，是如此地微薄，幾乎讓人感覺到好像是一種施捨。波許大夫使出渾身解數，阻止了病情的惡化，也幫喬伊斯處理這場大病所引發的其他併發症。然而，他的視力還是逐漸退化了——不過，如果要像某些人一樣，把原因歸咎於波許大夫，那就太不公平了。

最後為了解救他那僅存的視力，喬伊斯回到蘇黎世找被視為「歐洲三大眼科權威」之一的阿佛列‧沃格特大夫（Alfred Vogt）。喬伊斯早就聽說關於這位醫生的許多傳聞，還向我解釋醫生發明的一種儀器，這些儀器都是在柏林特製的，而且一次只製作一具，因為每一具都是為了某次手術而特別打造，只能使用一次。製作每一具都要花費沃格特大夫一百美元，而且如果他發現有瑕疵的話，就會把儀器丟掉。

喬伊斯仔細告訴我沃格特大夫如何處理每一個病例。他會先為即將開刀的眼睛繪製一張圖，而且仔細研究眼睛的內部結構，直到全部了然於胸。如果眼睛被一層不透明的膜給遮蔽，儀器就會侵入那一層膜，打開一個開口，病患也就可以獲得某種程度的視力——而喬伊斯的病例就是如此。

喬伊斯在蘇黎世動完手術後來找我，我發現他可以分辨出物體的輪廓，四處走動時也不會跌跌撞撞，而且在眼鏡與兩片放大鏡片的幫助下，可以閱讀大字體的印刷品。可惜的是，跟易爾威克先生（Earwicker）一樣，喬伊斯從此變成一個「耳聰目不明」的人[1]。喬伊斯對聲音的敏感度本來就異於常人，此後更是幾乎要靠耳朵過日子了。

在拉爾博家

就在喬伊斯的虹膜炎逐漸康復，但尚未進行手術之前，拉爾博正好要離開巴黎一個月，他覺得旅館對於一個病人來講並不舒適，於是邀請喬伊斯搬進他的公寓。拉爾博想得非常周到，而且，像他這樣一個處處講究的單身貴族居然會如此提議，讓熟知他的人都感到詫異（他在後來才結婚）。

在老舊的勒慕安樞機主教街（rue du Cardinal Lemoine）上，他的公寓是七十一號[2]，這條街位於萬神殿後方，位於聖熱內比耶芙丘（Montagne Ste. Geneviève）下坡往塞納河的方向[3]。要到他家必須先穿越一個寬闊的入口，一段長路領著人們走進一個周圍充滿綠蔭的英式廣場，拉爾博的公寓就位於這些綠樹後面。那是一個靜僻的地方，拉爾博很喜歡在這裡長時間沉潛與寫作，並會警告朋友他是在那裡「閉關」。那段時間除了他的女傭之外，任何人都不得進入。

所以喬伊斯一家人得以在拉爾博的整齊小公寓裡安頓下來，那裡不但窗明几淨，還有古董傢俱與玩具兵，以及裝訂精美的珍貴書籍。

喬伊斯躺在拉爾博的床上，雙眼還矇著繃帶，他面露微笑地聽著女兒跟女傭在隔壁房間對話。所有家事都要靠露西亞傳達，因為她的法文最流利——此外，就如每個接觸喬伊斯的人都會對他產生興趣，這女傭也不例外。

喬伊斯說，她提到自己時總是說「他」：「他怎樣？」「他現在狀況如何？」「他有好一點嗎？」「他說些什麼？」「他要起床了嗎？」「他餓了嗎？」「他會難過嗎？」儘管都是低聲交談，但是都被喬伊斯的敏銳耳朵聽到了。

有時候麥克阿蒙會坐在他床邊，跟他說「那一群人」最近都瞎聊些什麼，逗他開心；這些話用他那美式英語跟慢吞吞的鼻音講來，特別有趣。在那些日子裡，麥克阿蒙常跟喬伊斯一家人在一起。而愛德希娜的妹夫保羅—艾米爾・貝卡（Paul-Emile Bécat）還幫喬伊斯跟麥克阿蒙畫了一張兩人在一起的圖畫。

種在海綿上的大蒜

喬伊斯去動手術的那一家診所在左岸兩條街的交會處，是位於角落的一小棟兩層樓建築。根據喬伊斯的觀察，這兩條街名實在太恰當了：「尋南街」（尋找南方的街道，可以這麼說吧？）還有「注視街」[4]。

打開街上的大門，進去後就是樓下的候診室；通常病人都必須坐在木頭長板凳上等很久，因為醫生都是早上出診結束之後，在回家路上順道路過這裡來看診。可憐的波許大夫總是超時工作，讓我納悶的是，他哪裡挪得出時間吃飯？不過如果他真的能吃飯，一定都是大餐，因為他胖得像個聖誕老人。候診室後面是個辦公室，大小就像個衣帽間一樣，幾乎只擠得下醫生和那大塊頭的護士，還有一個普通體型的病人。

樓上有兩個供病人住院的小臥室，喬伊斯待在其中之一。如果沒有諾拉，他哪裡也不肯待，所以她就住在另一間。她的抱怨是有道理的：這裡住起來不太像現代化的房舍，設備與房間確實都很奇怪。但喬伊斯卻覺得這地方很有趣，也很喜歡波許大夫，還會在我面前學他那慢吞吞的「北方佬腔」，還有他屈身在他面前咕咕噥噥說的話：「你眼睛得那種病真是太糟了。」喬伊斯也喜歡他的護士：這位大塊頭負責經營診所、照料病患、煮飯並且協助醫師。他告訴我：「她用海綿在窗邊種植大蒜，來為我們的菜餚調味。」她對待其他病患有時比較粗魯一點，但這種事不會發生在「敲瓦斯先生」（Monsieur Juass）[5]身上。她對待這位病患比較像是對待寵物。這也難怪！我確信，就算他再不舒服，還是她見過最不會抱怨，最體貼的病人。

眼睛動刀對喬伊斯這種敏感的人來說，絕對是一種可怕的磨難。意識清醒的他眼睜睜看著手術進行，如他所說的，那儀器的陰影在他眼前隱隱約約地逼近，看來好像大斧頭一樣可怕。

手術結束後，他的雙眼纏著繃帶，隨著時間不斷過去，他也沒有失去耐性。他絲毫不會無聊，因為無時無刻都有許多想法在他腦中浮現。

確實如此，像喬伊斯這種擁有無窮創造力的人怎會無聊？此外，他不斷回想往事。這些回憶在他還非常年輕時就一直在他腦海中，這也說明了他的記憶為什麼可以把他聽過的每件事都保留下來。正如他說的，曾在他腦海裡停留過的，都逃不掉。

有天他問我：「你可以帶《湖中女神》（*The Lady of the Lake*）[6]過來嗎？」下一次我去找他時，就帶著《女神》。他說：「打開書，唸一行詩給我聽。」我照著做，從裡面隨便挑一行。唸了一行後，我停下來，他開始朗誦一整頁詩以及下一頁，沒有一丁點錯誤。我確信他不只是把《湖中女神》這首詩背了起來，而是整個圖書館的詩歌與散文。他大概在二十歲之前就把所有東西都讀完了，後來他需要什麼就只要用背的就好，根本不用勞煩去打開書本。

我常常去診所看他。我帶他的信過去，唸給他聽，還有《尤利西斯》的校對稿。我可以幫他回信，而且事實上已經回了好一陣子了；校對稿則只能等他，只有他能夠處理，因為他總是想要加字。我跟他說來自印刷廠的消息，捎來朋友們的口信，並跟他說莎士比亞書店發生的事情——這些事他總是喜歡聽的。

有次我去診所時，他們正在用醫生處方的「醫蛭」幫他吸血。一旦能搞定這些醫蛭，把牠們放在眼睛周圍，就可以把血吸掉，舒緩淤血的狀況。平常那個護士出去了，代班的是一個比較年輕的女孩。她跟喬伊斯太太設法讓這些扭來扭去的東西乖乖等著被敷在病患的眼部，而不是在地板上四處跳動。喬伊斯坦然面對這種不愉快的折磨，毫不抱怨。那些醫蛭讓我回想起普林斯頓羅素夫婦家泳池裡面的水蛭，牠們也是這樣吸附在我們腿上。

喬伊斯與喬治・摩爾

通常喬伊斯是不躲人的。然而在他手術出院後第一次在書店出現時，他說自己不想見任何人。我很能了解他的想法，所以當一位大臉粉頰的高大男士在外面看一下櫥窗的書本，然後走進店裡時，我就撇下喬伊斯，獨自去跟這位顧客談話。

這顧客自我介紹後，我得知他是英國小說家喬治・摩爾（George Moore）。我們兩人的共同友人南西・庫娜德（Nancy Cunard）[7]答應要帶他來見我，但是他等不及了，因為隔天他就要返回倫敦。我看他有時會瞥一瞥站在書店後方的喬伊斯，但是我信守承諾，沒有替他引見。最後我們這位訪客還是走了，臨走前還不情願地往喬伊斯的方向望了一眼。

喬伊斯問我：「那是誰？」我說了之後，他大叫：「我還得要好好感謝他呢，因為他慷慨相助，我才贏得了英王獎金（King's Purse）。」這是他第一次跟我提這件事：他幾年前贏得了一筆由王室私家收入（Privy Purse）支付的一百英鎊獎金。

回到倫敦後，喬治・摩爾寫了一封迷人的信給我，邀我下次造訪倫敦時去他位於艾柏瑞街（Ebury Street）的住所享用午餐——艾柏瑞街上許多住家的餐會在當時都很有名，他家的餐會也是其中之一[8]。此外，他提起自己注意到書店後面有個帶著黑色眼罩的男人，如果真是喬伊斯，他也想跟他見面。

於是我才明白自己信守承諾是錯的。然而他們第二次見面真的是在倫敦——雖然喬伊斯沒提起，但後來我還是知道了。

我自己也想要繼續跟摩爾見面。他待人非常友善，在書店裡發生那件事以後，他並未怪我；相反地，在他的劇作《使徒》（*The Apostle*）即將出版前，他還寄了一份校對稿給我。我很喜歡喬治・摩爾這個作家，而從他的好朋友南西・庫娜德那裡所得知的許多訊息，也讓我喜歡他的為人。但在我有機會去倫敦艾柏瑞街與他用餐之前，他就去世了。

愛德希娜書店裡的讀書聚會

喬伊斯作品的朗讀會訂於一九二一年十二月七日，在愛德希娜的書店裡舉行——當時距離《尤利西斯》的出版日期只剩不到兩個月的時間。

拉爾博深怕自己無法及時把〈潘妮洛普〉（Penelope）[9]的部分翻譯好，要愛德希娜找找看身邊有沒有人可以幫他。在那些常到劇院街書店光顧的人裡面，有個年輕作曲家叫做雅克・班諾瓦斯—梅鄉（Jacques Benoist-Méchin），他和喬治・安塞爾在書店相識後，就變成形影不離的朋友。年輕的班諾瓦斯—梅鄉的英文很棒，當愛德希娜問他是否願意幫助拉爾博的時候，他欣然接受，很高興有機會跟他一起翻譯《尤利西斯》。然而，條件是他的名字不能曝光，因為他的父親是不會認同《尤利西斯》這本書的——因為他不但是個老紳士，也是一位男爵。

令人訝異的是，在法國這個曾經有拉伯雷誕生的國度裡面，到一九二〇年代的時候，《尤利西斯》這本書卻變得過於大膽。隨著讀書會的逼近，連拉爾博自己也開始憂心，於是在節目傳單上面寫了以下的警語：「告誡聽眾：即將朗讀的幾頁文字比一般標準更為大膽，而且可能稍有冒犯。」[10]拉爾博在抵達書店時開始感到怯場——當天店裡被擠得水洩不通，就算只有一個人想再進去也容納不下。愛德希娜給了他一杯白蘭地酒，才讓他鼓起勇氣入場，在小桌子旁坐下——這地點對他來講是再熟悉不過，因為他是愛德希娜書店讀書會中最受歡迎的朗讀人之一。但結果是，他竟然把其中一兩段文字略去不敢讀！

這次讀書會對於喬伊斯來講是一場勝仗，因為當時他的作家生涯正面臨最危急的瓶頸，所以勝利的果實來得正是時候。拉爾博給予了衷心的讚賞，也朗讀了親自翻譯的部分文字，再加上演員吉米・賴特對於〈賽倫海妖〉一章的成功演繹，聽眾每每都以熱烈的掌聲回應。拉爾博到處尋找喬伊斯的蹤跡，結果發現他躲在後方房間的帷幕後，便把臉色漲紅的作家給拖出來，用法國人特有的方式親了他雙頰——此時掌聲更為熱烈了。

這計畫能完滿落幕讓愛德希娜很高興，我也很高興，而法國人能如此善待喬伊斯這位愛爾蘭作家，也讓我很感動。

「聖女哈莉葉」

當時，為了完成《尤利西斯》，喬伊斯正痛苦掙扎著。我自己過得也不是很寬裕：莎士比亞書店這門小本生意有時幾乎要撐不下去，差點關門大吉，幸好幾個人給的支票未曾間斷過——包括我那慷慨的妹妹荷莉，我親愛的表姊瑪莉・摩里斯（Mary Morris），還有她那住在賓州歐佛布魯克區（Overbrook）的孫女瑪格莉特・麥考伊（Marguerite MacCoy）。巴黎的房租不貴。而用的人只有我跟米赫馨，所以除了經常性開銷之外，沒有什麼需要煩惱的支出。但是那些書啊！書真貴。每當我要用英鎊或美金給付書錢時，莎士比亞書店就好像快要「撞上岩石」一樣——而且可不是性感偶像梅伊・維絲特（Mae West）嘴裡說的那種「岩石」[11]。

喬伊斯向來是靠教書來維持自己的開銷與家計。為了完成《尤利西斯》，此刻他一天必須花十七小時在它上面，但是他的收入是零，而且以往所存下來的錢或者接受的餽贈，早已經消耗殆盡。我做為《尤利西斯》的出版者，工作內容同時也包括要讓作者的生活不虞匱乏。任誰都可以想像，我這個小書商兼出版商所能夠幫的忙，實在難以填補一個四口之家的實際需要，但是一如往常，喬伊斯只能向我求助。

在錢的方面喬伊斯特別精打細算。證據之一，只要看看他在康乃伊旅館（Hôtel Corneille）裡還在使用的學生筆記本就知道了：當年他這位年輕的醫學院學生在筆記本上寫下借錢的日期與金額，以及債主的名字。筆記也顯示這些錢通常是在隔天就還掉了，即使這害他得餓肚子——只要看看他當年在巴黎拍的照片就知道了。但是在隔一天，他會在筆記上寫下，他又跟同一位朋友借了同樣數目的一筆錢。如果這件事沒有讓人那麼感傷的話，倒是還蠻有趣的！

喬伊斯把他的筆記本給我看，一邊還露出羞赧的微笑。他借貸的方式到現在依然不變，只不過對象換成另一位朋友。小量的金錢在莎士比亞書店的現金盒與喬伊斯的皮夾之間來回流動。在登記我出借款項的那幾頁筆記顯示，「J・J・的資金」又歸零了。可悲的是，他這位債務人可以借到的錢因為我本身資源有限，所以也少得可憐。

這種狀況持續了一陣子，而且只要能維持著「有借有還」的前提，就還行得通。但後來隨著喬伊斯的花費增加，我驚覺我們之間的日常模式已經改變了：他不再「有借有還」。事實上，這些借款被當成《尤利西斯》的預付款，而這在一般情況下不是很自然的嗎？儘管我非常崇拜《尤利西斯》這本大作，但是人命關天的事情總是比任何藝術作品還要重要。只不過，我的角色畢竟是《尤利西斯》的出版商，而且還得經營書店，我發現再這樣下去，我們兩個都很快就會破產了。

有一天，在破產的悲劇即將發生之際，喬伊斯在我書店出現，帶來一個令人振奮的消息：哈莉葉・薇佛小姐剛剛通知他，說是有一大筆錢正要匯給他；他說，有了這筆錢，他這輩子就不愁吃穿了。

對這個奇蹟我們都感到欣喜：他是因為薇佛小姐的慷慨解囊幫他解決了最嚴重的問題之一，而我不但為他感到高興，也是為自己。我又感覺到自己可以繼續推動《尤利西斯》的出版計畫，而莎士比亞書店也不會被拖累，這讓我鬆了一大口氣。

尤金・裘拉斯的太太告訴我，露西亞總是稱呼薇佛小姐為「聖女哈莉葉」；而這位「聖女」給喬伊斯的錢，是足夠給別人度過餘生，但是對喬伊斯來講卻不夠。過不久他又開始阮囊羞澀，薇佛小姐又出面幫助他。無論如何，我們總算有陣子可以喘一口氣。

譯注

1 易爾威克先生是指韓佛瑞・秦普登・易爾威克（Humphrey Chimpden Earwicker），喬伊斯小說《芬尼根守靈記》裡面的男主角之一。作者在此提到易爾威克並無特定涵義，只是他的姓氏跟耳朵有關係。

2 海明威曾住在同一條街的七十四號。

3 萬神殿就位於聖熱內比耶芙丘的山頂。

4 「尋南街」（rue du Cherche-Midi）還有「注視街」（rue du Regard），因為不管是尋找或注視，都要用到眼睛，所以喬伊斯說這街名很恰當。至於作者會將 rue du Cherche-Midi 翻譯成「尋南街」（Southern-Seeking Street），是因為左岸就是塞納河的南岸（Midi，這名詞在法文中是指南部）。不過關於這街名，另有一說是：以前這街上有一日晷，巴黎人要確定是否到了中午（midi），都要來這條街看日晷，所以應該翻譯成「尋午街」。

5 Joyce 用法文的唸法會變成 Juass，oy 是唸 wa 的音。

6 英格蘭詩人、小說家華特・史考特爵士（Sir Walter Scott）在一八一〇年出版的作品，改編自古老的神話。

7詩人、作家，父親是一英國男爵，母親是美國女性。

8從十八世紀的音樂家莫札特以降，到十九世紀的007小說原創作家伊恩・佛萊明（Ian Fleming），艾柏瑞街一直是許多藝術家與文人雅士的居住地。

9潘妮洛普是尤利西斯的妻子，該章是《尤利西斯》的最後一章，是男主角李奧波・布魯姆的妻子茉莉・布魯姆（Molly Bloom）的意識流描寫，全章未使用任何標點符號。

10〈潘妮洛普〉一章裡面有許多茉莉對於過往風流史的回憶。

11梅伊・維絲特是好萊塢早期開始倡議「性解放」的先驅，她在電影裡常常會講一些涉及性暗示的雙關語台詞。「岩石」跟性暗示的關係，大概是因為有這麼一句比較粗俗的俚語「get someone's rocks off」（某人想要性交）。

9　最佳顧客海明威

我們最喜歡的顧客，是幾乎每天早上我們都會在書店某個角落看到的一位年輕人，他從不麻煩我們，總是在那裡看雜誌，或者是閱讀馬瑞亞特船長（Captain Marryat）[1]或其他人寫的東西。那年輕人就是海明威，在我記憶中，他是一九二一年年底在巴黎出現的。他自稱為「最佳顧客」，而且也沒人跟他爭這個頭銜。像我這種小本經營的書店主人，最感謝的就是他這種顧客——不但常來光顧，而且還花錢買書。

然而，就算他在我書店裡沒有付過一毛錢，他還是有辦法讓我喜歡上他。從我們相識那一天開始，他就讓人感覺到友誼的溫暖。

遠在芝加哥的舍伍德・安德森，給了「他年輕的朋友海明威夫婦」一封向我介紹他們的信函。這封信我到現在還留著，信裡寫著：

為了讓您認識我的朋友恩尼斯特・海明威，特以此函介紹他；他與海明威太太正要前往巴黎定居，我會請他在抵達後把這封信交給您。

海明威先生是一位美國作家，他以寫作的本能處理此間各種值得了解的題材，我相信您會發現海明威夫婦是讓人想欣然結識的……

但是直到海明威夫婦想起把安德森的介紹信拿給我時，我跟他們已經認識好一陣子了。海明威有一天就這樣走進書店來。

我抬頭看到一個高大，皮膚黝黑，留著一小撮八字鬍的小伙子，聽見他用非常低沉的聲音介紹自己是恩尼斯特・海明威。我邀他坐下，發問後得知他是芝加哥人，我也得知他為了腿部的復健而在軍醫院待了兩年。他的腿怎麼啦？他帶著歉意告訴我，膝蓋是因為參戰而受傷[2]，那口吻好像是個小男孩，向別人坦承自己在打架時受傷。我想看他的傷口嗎？當然好。所以莎士比亞書店暫時不做生意，要等他把鞋襪除下，把布滿了腿部與腳上的可怕傷口弄給我看。膝傷是最嚴重的，但是腳上的傷似乎也很嚴重，他說是炮彈碎片造成的。醫院的人認為他會死掉，甚至問他要不要進行最後的聖禮，但虛弱的他同意把聖禮改為受洗儀式——他說：「萬一他們說對了，我總得做點準備。」

海明威就是這樣受洗的。不管是否有受洗——嗯，不管海明威是否會因此射殺我，我都得說[3]——我總感覺他是一個很虔誠的人。海明威是喬伊斯的好哥兒們，喬伊斯有天跟我說，大家都看錯了：海明威總把自己當成一條硬漢，而麥克阿蒙則裝得一副好像很敏感的樣子。他覺得，其實應該是相反才對。所以，喬伊斯把你看透啦，海明威！

海明威跟我透露，就在他還是個「穿著短褲的男孩」，正要從高中畢業之前，他父親突然去世，家中陷入愁雲慘霧，留給他的遺物就只有一把槍。他發現自己變成一家之主，家中母親與弟妹都要依賴他，他不能升學，而且要養家活口。他在一場拳賽中賺得第一筆錢，但據我所知，他並沒有在這一行持續下去。根據他的說法，他的少年時期過得很苦。

他沒有多談離開學校後的生活。為了謀生，他做過很多工作，包括報社記者[4]；我相信，在那之後他就到加拿大從軍。他實在太年輕，所以必須虛報年紀。

海明威是一個飽學博覽的年輕人，他對許多國家都很了解，也懂幾種語言，而且都是自學，不是透過大學教育。他對於事物的掌握，比我認識的其他年輕作家都還要深入也快速，雖然帶有一點孩子氣，但是特別聰明與自立。海明威在巴黎擔任《多倫多星報》（*Toronto Star*）的體育特派記者。無疑他當時已經開始試著創作小說了。

他帶著年輕的妻子海德莉（Hadley）來跟我見面，她是個迷人而討人開心的可人兒。我當然也帶著他們去見愛德希娜。海明威的法語能力非常出眾，不知道怎麼辦到的，但他除了讀完我書店裡所有的出版品，同時也遍覽法文書籍。

因為擔任運動特派記者，海明威必須出席所有的運動場合，所以他懂的法文也包括各種「黑話」。像我跟愛德希娜這種海明威在書店裡交到的朋友，是不可能了解他那個體壇世界的，但我們總是期待海明威能讓我們開開眼界，而他也真的做到了。

我們學的東西從拳擊開始。某天晚間海明威與海德莉兩位「老師」先來店裡，我們一起坐地鐵到靠山的莫尼勒蒙當地區（Ménilmontant），該區住的都是一些工人、運動員以及一些流氓。在貝勒波將軍車站（Pelleport station）下車後，我們必須爬上陡峭的階梯，當時懷著「邦比」（就是約翰・海德莉・海明威）的海德莉走得有點氣喘噓噓，要靠她丈夫拉一把。海明威帶我們去一間很小的拳擊場，要先經過一個後院才走得到，我們在狹小而沒有靠背的板凳上坐下。

比賽開始了，我們的課程也隨之展開。在前幾場賽事裡，台上只見年輕選手的拳頭到處飛舞，他們身上大量出血，我們很怕他們會失血過多而死掉，但海明威向我們保證，那只是因為下手太重以及流鼻血的關係。我們學到一些拳賽規則，也得知那些走進走出，讓人看不大清楚的傢伙就是拳手的經紀人，他們的眼睛似乎沒有瞥望著那些選手，但有時又在交頭接耳著。這些人到拳擊場是為了尋找有潛力的新秀。

等到真正的好戲上場時，「老師」的眼睛已經忙到他根本無暇給我們提示，我們這兩個學生只能自個兒看拳。

這最後一場拳賽之後又「加演」了一場，連觀眾都加入了戰局。裁判的判決讓觀眾意見分歧，所有的人都站到板凳上，然後往別人身上跳——那場面就像西部片裡的大對決。在拳打腳踢、大吼大叫與你來我往的混戰中，我深怕我們被人往身上「招呼」，也怕海德莉因此受傷。我聽見有人大叫：「警察！警察！」顯然大叫的人不是警察自己——因為，當時法國警察並沒有義務在任何娛樂場所維持秩序，不管是高級的法國國家劇院，或者是低下的莫尼勒蒙當拳擊場都是如此。我們聽到海明威在嘈雜的大叫中發出不同意的聲音：「找警察，去公共廁所比較快！」

後來愛德希娜跟我又在海明威的指導與影響下開始從事腳踏車運動——但我們不是自己騎車兜風，而是跟著「老師」一起去體驗「六天賽程」（Six-Jours）：總計六天，在「冬季自行車賽場」（Vél d'Hiv）裡面像迴轉木馬似的比賽，無疑地，那確實是巴黎在冬季期間最受歡迎的盛事。車迷不但去看比賽，還住在那裡，儘管越看精神越不濟，但還是欣賞著那些遠遠看像是小猴子的選手在自行車上屈背出賽，他們時而慢慢繞過賽場，時而突然衝刺。不分晝夜，整個賽場裡瀰漫著煙霧與塵土，到處都是劇場明星，到處都是扯著嗓門大呼小叫的人。我們盡力去了解「老師」跟我們說些什麼，但是在一片嘈雜聲中，很難聽出一個端倪。可惜的是，愛德希娜和我卻只能挪出一晚來觀賞，儘管比賽實在引人入勝。但是話說回來，在海明威的陪伴下，又有哪一個活動不是精采紛呈的？

有個更刺激的活動正在等著我們。我記得之前海明威有一段時間全心投入一些故事的寫作。有天他說他寫完了一個故事，問我跟愛德希娜是否願意聽聽看。像這種活動都是我們渴望參加的，因為我跟愛德希娜不就像拳擊場裡面那些進進出出的傢伙，也在尋找有才華的人嗎？也許我們不太懂拳擊，但如果說是寫作，就是另一回事了：這可是海明威第一次「出賽」呢！想像一下，我們有多欣喜？

所以海明威就讀了《我們的時代》（*In Our Time*）裡面的一個故事給我們聽，讓我們眼睛為之一亮的，包括他的原創性、個人風格、作家技法、簡潔的文字、說故事的天分、戲劇張力，還有他的創作力——原本我可以一直列舉下去的，但是借用愛德希娜的話說來，就是：「海明威具有真正作家的氣質。」

當然，如今海明威已經是世人公認的「現代小說之父」。無論是在法國、英國、德國、義大利，或者任何其他地方，只要提到小說或短篇故事，大家對他的評價都是如此。他的作品被選進教科書裡，對小孩來講，他的東西比那些平常的課文有趣多了，他們可真是幸運！

到底是哪個作家影響哪個作家？這種問題從不會困擾我，而且，有哪個成年寫作者會在半夜挖空心思，只為了搞清楚自己到底是受到誰影響？但是，我確信海明威的讀者都知道是誰教他寫作的：就是他自己。而且就像其他貨真價實的作家一樣，他知道如果要有

「好作品」，就得動手寫——這可是他自己說的。

愛德希娜是海明威的第一個法國書迷，第一個用法文出版他的故事的，也是她。〈不敗者〉（The Undefeated）這個故事就曾在她的《銀船》雜誌（*Le Navire d'Argent*）上刊載過，引起了雜誌讀者的廣大迴響。

海明威的讀者通常是看了第一本書就愛上他。我還記得強納森・開普是多麼熱愛他讀到的第一本海明威小說。開普先生是「阿拉伯的勞倫斯」及喬伊斯的英國出版商，他第一次來巴黎就詢問他該幫哪個美國作家出書。我說：「來，讀海明威的書吧！」開普先生就這樣變成了海明威的英國出版商。

不管做什麼事，海明威總是又認真又好勝，就算是照顧嬰兒這件事也是如此。在加拿大待了一段時間以後，他們回來時帶著另一個「最佳顧客」：約翰・海德莉・海明威。有天我去他家，看到他在幫小嬰兒「邦比」洗澡，那靈巧的手法讓我感到訝異。「老爹」海明威的確有臭屁的本錢，他還問我：是不是認為他以後可以當褓母？

「邦比」還沒學會走路就已成為莎士比亞書店的常客了。海明威一邊小心抱著他兒子（儘管有時候會變成頭下腳上的姿勢），一邊閱讀著最近的期刊——說真的，這可是需要技巧的。至於「邦比」，只要跟著他最喜歡的「老爹」，天塌下來也沒關係。他總是用法文口音說我這裡是「雪維兒・畢奇的書店」，剛會走路就來店裡進進出出。我常常可以看到他們父子手牽手，沿著街道走來。「邦比」總是一臉認真地坐在高腳凳上觀察他老爹，沒有不耐煩過，等著最後他把他從高處抱下來，雖然有時候要等很久。等到他們離開時，我又會看著他們並不直接返家（因為要等海德莉把家事做完才能回去），而是去街角的簡餐店。他們會挑個桌子坐下，前面擺著飲料（「邦比」喝的是紅石榴糖漿），父子倆開始一整天的問答對話。

當時每個人都去過西班牙，但每個人的評價不一。葛楚與愛莉絲覺得很有趣。其他有人去看鬥牛，結果被嚇到，還沒結束就逃之夭夭。以鬥牛為主題的寫作中，有些人用道德去批評，有些人用性的角度解讀，也有人覺得那是一種色彩亮麗的運動，如圖畫一般美麗。至於外國人對於鬥牛的評論，西班牙人常常不懂他們在說些什麼，而且嚴格來講，都是荒謬的。

而海明威跟其他人不一樣。他用往常那種認真、好勝的態度去了解鬥牛，然後才寫出相關的文字。《午後之死》（*Death in the Afternoon*）就是這樣寫出來的，而且簡直就像一篇有關鬥牛的論文——即使我那位最難搞的西班牙友人也讚譽有加。海明威有些最棒的作品就出現在這本書裡面。

好的作家是如此難尋，所以如果我是個文評家，我只會依據自己的看法，試著指出他們的文字到底有哪些值得信賴與欣賞之處。因為，有哪個人可以看透創作的奧祕？

海明威是一個可以接受任何批評的人——前提是，必須由他自己提出。他自己就是最會挑他毛病人的人，但是就像其他作家夥伴一樣，對於其他人的批評很感冒。有些批評家確實很擅長用筆鋒去刺傷作家的要害，這些無辜作家的激動反應是讓他們最高興的。溫罕・路易斯就曾成功地讓喬伊斯坐立難安。他也曾寫過一篇文章來講海明威，標題為〈那頭笨牛〉（The Dumb Ox）。遺憾的是，這文章在我店裡出現後，惹得海明威大發雷霆，三打被當作生日禮物送來的鬱金香全部被他扯斷花朵，結果花瓶裡的東西全都翻倒灑在書上。一陣發作過後，海明威坐在桌邊寫了一張指名給我的支票，賠償金額比我損失的還要多兩倍以上。

身為一個書商與圖書館員，我對書名的注意也許遠勝過其他只是把書稍微瀏覽一下的人。我想，不管在任何競賽中，他那些書名都應該得獎，他的每本書名都美得像一首詩。海明威之所以能成功，也要歸功於這些書名對讀者散發一股神祕的力量。他的書名都好像獲得了獨立的生命，美國英語的辭彙因為它們而生色不少。

譯注

1 佛德列克・馬瑞亞特（Frederick Marryat）：英國早期航海小說家之一，也是小說家狄更斯的朋友，早期以航海工作維生。

2 海明威不是當兵，他因為視力問題而未獲准入伍；他負傷是因為在義大利幫紅十字會開救護車時遭受攻擊。

3 海明威很喜歡打獵，最後也是在槍口下喪生（據說為自殺，也有可能是意外）。

4 海明威在十八歲就開始當《堪薩斯城星報》（*The Kansas City Star*）記者，但並未持久；一次大戰後，他又到《多倫多星報》當記者。

10 如何偷渡一本禁書

有謠言指出，《尤利西斯》快要上市了。我手上校好的稿子已經到最後一章的〈潘妮洛普〉了。

喬伊斯的生日在二月二號，日子已經迫近；我知道他滿心期待自己慶生那一天也可以慶祝《尤利西斯》的問世。

我和達罕提耶談這件事，他說印刷工們已經盡力了，但是我要再過一會兒才能等到《尤利西斯》，要它二月二日上市是不可能的。於是我問他是否願意做一件不可能的事：至少在喬伊斯生日那天，印一本交到他手上。

他並未承諾，但是我知道達罕提耶這個人，所以當我在二月一日收到他從第戎發的電報時，一點也不意外——他要我在隔天早晨七點到車站去等那班從第戎開來的特快車，車掌會拿兩本《尤利西斯》給我。

當來自第戎的火車完全停下後，車掌下車拿著一個包裹左顧右盼，像在找人——當然是找我，當時我站在月台上，心跟火車頭一樣砰砰跳著。幾分鐘過後，我拿著第一本《尤利西斯》去按喬伊斯家的門鈴。那天是一九二二年二月二日。

第二本《尤利西斯》是給莎士比亞書店的，而我做錯了一件事——把它放在店頭櫥窗展示。消息很快在蒙帕那斯區跟外圍的其他區域傳開來，隔天在書店開張之前，已經有許多訂書人在店外排隊，大家都想買《尤利西斯》。我跟大家說，書只印了兩本，《尤利西斯》還未上市，但是怎麼解釋也沒用。看他們那副模樣，好像恨不得把書從櫥窗搶出來「大卸八塊」，大家分著看。還好我眼明手快，把書移往安全的地方，才阻止了悲劇的發生。

喬伊斯收到生日禮物後，寫了一張便條表達他有多感激。他寫道：「無論如何，在今天這個日子，我一定得表達我的感激之意，因為在過去一年裡，我的書不知道為妳惹了多少麻煩，帶來多少煩惱。」為了慶祝《尤利西斯》的問世，他寫了一首打油詩給我這位出版商。他是這樣寫的：

誰是雪維兒？
為什麼每個作家都讚賞她？
年輕、勇敢的美國女人，

那西邊的國度孕育了優雅的她，
我們的書才有可能被出版。

但除了勇敢之外
她也一樣富有，足以承擔許多的失誤嗎？
嬉嬉鬧鬧、喧喧嚷嚷，
大家吵著要訂購《尤利西斯》
但是在要到簽名後，他們又陷入沉思。

讓我們為雪維兒歡呼，
看她賣的書，就知道她有多大膽。
什麼鬼東西她都賣得出去，
再多說什麼就太無趣
多虧她，我們才有書可買。

詹姆斯・喬伊斯改編威廉・莎士比亞之作

帶著希臘藍書皮的《尤利西斯》終於問世，書名及作者名都是白色字母寫成。「完整寫好」的內頁篇幅總計七百三十二頁，一頁平均出現一至五、六個打字的錯誤——為了這些錯，出版商在每本書裡面夾了一張致歉的紙條。

這本書出版後接下來的那段日子裡，喬伊斯興奮到睡不著，一整天都泡在我店裡，唯恐錯過什麼事。他專心幫我們包書（但是常幫倒忙），甚至還發現每一本書的重量是一公斤又五百五十公克。當我們開始把這些包裹扛到街角郵局去寄時，也注意到它的重量。他把標籤、地板跟自己的頭髮弄得到處都是膠水，還催促我們：如果有哪個人已經付了錢，就要趕快把書寄出去，尤其是：「所有愛爾蘭的訂單要趕快送出去，因為愛爾蘭才剛剛換了新的執政者，還有保安委員會也落入了神職人員手裡，誰也不知道明天會發生什麼改變。」

我們試著用「去除劑」把膠水從喬伊斯的頭髮上清乾淨，也試著在政府當局知道前就把所有的《尤利西斯》寄到英國和愛爾蘭的每位訂書人手中；在美國，除了昆恩之外，有一、兩個訂書人也拿到書了，所以我儘快把其他的書也都寄出去。第一批書送出去後，我發現紐約港查扣了每一本書，於是我趕快取消船運，害可憐的訂書人枯等，而我則是四處求援。

「智慧女神」海明威

大家都知道尤利西斯這英雄角色的交遊廣闊，而其中有一位是神明：智慧女神米諾娃（Minerva）。如今她以男性的形象降臨世間，把自己打扮成海明威。

我希望下面爆的料不會讓政府去找海明威的麻煩——當然啦，誰敢去動諾貝爾獎得主？《尤利西斯》能夠被挾帶進入美國，全多虧了海明威。

我向海明威丟出這個問題，他說：「給我二十四小時。」隔天便帶著計畫回來找我。我收到一封來信，發信的是他一位住在芝加哥的朋友，叫做「伯納・B」，向來最樂於助人，我給他一個「聖伯納」的外號[1]，因為多虧他的解救，我才知道接下來要如何進行這件事。

那位男士說他要做一些準備工作，還要到加拿大去待一陣子。他問我是否願意出錢租下一間位於多倫多的小公寓，我當然馬上同意了。然後他把他的新住址告訴我，要我用海運的方式把書都寄到那裡。因為加拿大並未把《尤利西斯》列為禁書，書便安全抵達了。接下來的任務不只需要很多勇氣，也要靠機智達成——他必須把這好幾百本沉重的書弄過邊界。

後來他跟我描述，他每天搭船渡河，都把一本《尤利西斯》塞進褲襠。當時流行走私酒[2]，所以他身邊有不少人的身體都變成奇形怪狀，但是這只會增加他被搜身的風險而已。

隨著任務的進行，他只剩最後幾十本還沒送出去，伯納覺得港口官員已經注意到他鬼鬼祟祟。他怕很快就有人上前盤問他在搞什麼鬼，為什要每天來來回回的——可能他身上攜帶了要拿去賣的東西。他找到一個願意幫他的朋友，他們倆天天坐船，而且為了加快腳步，各自挾帶兩本書。一前一後，兩個人看起來都像大腹便便的老爹。

當他把最後幾大本書帶進美國時，他心裡不但鬆了一大口氣，「體重」也因此驟減不少！如果喬伊斯能夠預見這些困難，他真該寫一本薄一點的書。

無論如何，美國那些訂購《尤利西斯》而且也收到書的人都應該知道，他們必須感謝海明威以及他那熱於助人的朋友，否則美國運通快遞公司哪有可能把那一個大包裹寄送到他們家門口？

同一時刻，喬伊斯與《尤利西斯》實際上已經佔據了劇院街的莎士比亞書店。我們幫他處理通訊文件，也是他的金主，他的經紀人，以及他的跑腿小妹。我們幫他搞定行程，為他介紹新朋友，安排他的作品在德國、波蘭、匈牙利與捷克等國翻譯出版。喬伊斯每天都在中午左右抵達書店，不管是他或我都忙到沒時間吃午飯。如果還有事必須處理的話，他通常要到晚間才回去。

隨著喬伊斯的聲名大噪，有越來越多朋友、陌生人、書迷和媒體記者想要找他，他們獲得的待遇隨著不同情況而有差異，有些興奮，有些失望，有些受到歡迎，有些則受到無禮的對待。重點是這些事情大多發生在書店裡，如果有需要的話，我們還要幫這位大作家擋人。

我當然有權拒絕提供這些服務，但是我之所以願意把它們都接下來做，是因為我樂在其中。

布魯姆先生的照片

從《尤利西斯》的作者本人我得知布魯姆先生長得是怎麼一個樣子。霍爾布魯克・傑克森先生（Holbrook Jackson）是倫敦一間小型評論雜誌社《今日》（*To-Day*）的編輯，一天喬伊斯問我是否願意寫信給他，請他寄一張自己的照片過來。我知道這本雜誌，上面曾登文章報導愛德希娜・摩妮耶的書店，對喬伊斯的作品也展現了友善的態度。喬伊斯沒說他跟傑克森先生見過面，但我想他們見過，或許是在喬伊斯第一次去倫敦期間。無論如何，他們似乎對彼此都有興趣，而且交情是多年前建立起來的。

照片寄來後，我拿給喬伊斯看，他端詳了一會兒，似乎有點失望，然後把照片拿給我，對我說：「如果你想知道李奧波・布魯姆長得怎樣，這人跟他倒是有點像。」他接著繼續說：「這照片看起來比較不像，不像書裡的布魯姆先生。」無論如何，我小心保存那張照片，那是我唯一一張布魯姆先生的照片。

「我的那些塗鴉」

喬伊斯寫了一封沒有註明日期的信給我，因為是寫在莎士比亞書店的信紙上，一定是有天我出去後他在店裡寫的。信的部分內容如下：

親愛的畢奇小姐：因為妳出門去為我的「那些塗鴉」付了好幾百法郎的郵資（！），我想妳可能會想要保留《都柏林人》的手稿，所以等它們到我手裡時，我就會給妳。我只會把第一版的打樣稿賣出去：我覺得《都柏林人》有一部分是跟都柏林一樣的作品。還有，到現在我才想起還有一堆在第里亞斯特寫的手稿，大概一千五百頁左右，是《一位年輕藝術家的畫像》的初稿（但是跟後來的成書完全不一樣）……

這些字是否還可以加在印版上？——它們就像「愛爾蘭大眾」（Phoblocht）唱的歌謠一樣，是O・嘉尼寫的音樂！A・韓姆斯寫的歌詞¡（第二個驚嘆號（中間字跡無法辨認）是頭下腳上的。）[3]

帶著最感激的問候，誠摯祝福妳的

我想，這封信應該是一九二二年一月間寫的，因為喬伊斯問我，如果他想在《尤利西斯》裡加一些東西，把一些字「加在印版上」，不知是否來得及？他提到「第里亞斯特的那一堆手稿」，裡面包括了《英雄史蒂芬》（*Stephen Hero*），也就是他所謂《一位年輕藝術家的畫像》的初稿，還有他在妹妹梅寶（Mabel）的習字簿上面寫的〈藝術家的速寫畫像〉（A Sketch for a Portrait of the Artist）——這手稿也是我覺得最珍貴的一份。

喬伊斯也把《室內樂》（*Chamber Music*）的初稿給了我。為了朗讀給葉慈聽，他寫在最大張，也最好的紙上——至少他是這樣告訴我的。手稿並不齊全，其中編號二十一、三十五與三十六等三首詩不見了。我細心注意到喬伊斯是在十月五日把這份手稿給我，但是忘記在上面註明是哪一年，而他給我其他手稿時，則是忘了寫日期。但是在他認為最重要的一份手稿，也就是《一位年輕藝術家的畫像》上面，他除了署名，也給了日期，並寫了一段文字，描述這份贈禮的內容。

喬伊斯注意到，只要是他親手寫的東西，就算是小紙片我也很珍惜。這也難怪他覺得沒有人會比我更重視他的手稿，他的看法是正確的。

莎士比亞書店的遺憾

儘管《尤利西斯》在英語系國家不能透過正常管道銷售，但喬伊斯還是很快獲得了穩定的收入來源。當然，禁書的名聲也助長了銷量。但可悲的是，它居然跟一堆「淫書」被相提並論，例如《芬妮・希爾》（*Fanny Hill*）、《芬芳的花園》（*The Perfumed Garden*）[4]，還有大情聖卡薩諾瓦（Casanova）的作品，更別提《欄杆上的激情》（*Raped on the Rail*）。有個愛爾蘭教士在買《尤利西斯》的時候還問我：「有沒有賣其他的書跟這本一樣辣？」

許多好作家都寫過情慾之作，但是只有其中的少數可以把這主題寫得很有趣，例如波特萊爾（Baudelaire）與魏崙（Verlaine）。約翰・克里蘭（John Cleland）[5]把《芬妮・希爾》寫得充滿情趣，結果書還大賣，幫他清掉所有債務。而無庸置疑地，喬伊斯在寫《尤利西斯》時，壓根不覺得那是一本淫穢的書。他雖不是「專家」，但卻也算是「這一行」的——各種「器官」都被他寫進《尤利西斯》裡面。他哀怨地說：「那種東西在我書裡出現的比例還不到十分之一。」

《尤利西斯》一炮而紅後，各路作家紛紛來到莎士比亞書店，因為他們假設我專出「淫書」。他們不僅把努力寫成的「大作」帶來，而且還認定，既然我有這樣的「品味」，作品一定能打動我。例如有個留著八字鬍的小個子開著一輛馬車來店裡——那馬車是兩頭馬拉著的四人座大車——他後來對我坦承，車是特地租來擺派頭給我看的。他長得就像長臂亂晃的人猿，走進店裡後把一包看起來像手稿一樣的東西丟在桌上，自我介紹他是法蘭克・哈里斯（Frank Harris）。之前我很喜歡他寫的《莎士比亞：其人其事》（*The Man Shakespeare*）；我也喜歡他那本寫王爾德的書，特別是那一篇提及他罹患「巨大症」，由蕭伯納寫的序言，喬伊斯也喜歡。他打開那一包東西，結果是他寫的《我的生活與愛情》（*My Life and Loves*），他向我保證，那本書一定比喬伊斯更厲害。他宣稱他是唯一個「讓女人愛到骨子裡」的英語作家。

當時哈里斯寫的王爾德傳記[6]剛開始受到批判，而且就跟王爾德的事蹟本身一樣，開始被人拿來亂用。但是我對那些英國政治家的「性缺陷」沒有多大興趣[7]。哈里斯令人欣賞之處，在於他朗讀詩歌的模樣——放棄對我推銷《我的生活與愛情》以後，他從書架上拿了一本《日昇之歌》（*Songs of Sunrise*），讀了一行，那樣子令人傾慕。可是我實在很納悶：像奈莉・哈里斯（Nellie Harris）那種充滿魅力的女人都可以被他娶來當老婆，怎麼偏偏品味絕佳的他會墮落到寫出這樣一本書？

我建議他試試傑克・坎恩（Jack Kahane）開的出版社，他們總是在找一些比較「麻辣」的書，結果《我的生活與愛情》在「方尖塔出版社」（Obelisk Press）找到一個適合的落腳處。

儘管哈里斯因為我對他的回憶錄興趣缺缺而感到失望，但他還是很友善。我勸喬伊斯去一家英國人常去的卻坦飯店（Chatham），去接受哈里斯的午餐邀約，那裡的美食跟酒窖向來很有名。另外一位賓客是哈里斯一位服務於英國報社的朋友。喬伊斯懷疑哈里斯和他的朋友要引他上鉤，讓他接受訪問——對於想要訪問他的人，他總是敬而遠之——所以吃午餐時幾乎沒有開口。對於哈里斯和朋友在席間說的辛辣故事，他一點反應也沒有。

我覺得自己很壞，但實在忍不住想要捉弄哈里斯。有次他正要去搭火車前往尼斯（Nice），為了找一些長途旅程中可以看的東西，路上他來我店裡晃了一圈。他問我可不可以推薦一些比較刺激的書，我在書架上某處尋找，那地方放了幾本陶赫尼茲出版社（Tauchnitz）的書。我問他是否讀過《小婦人》（*Little Women*），他一聽書名就感到很興奮：因為像他那種「癖好」的人，聽到這書名只會想到法文裡面說的「小女人」（*petites femmes*）。因此他以為露易莎・艾爾考特（Louisa Alcott）寫的書非常「辛辣」，隨手抓了兩本就匆匆趕往車站。

下次我看到他的時候，內心充滿懊悔。他沒有提到我的惡作劇，但是像他這樣一個總是和藹可親的人，看來好像充滿怨恨。從這裡我看到自己也有調皮的時候。

下一本被我拒絕的書是《查泰萊夫人的情人》（*Lady Chatterley's Lover*）。我不喜歡這本書，我覺得在作者的許多作品中，就屬這本最無趣。但是因為D・H・勞倫斯求我救救那本書，我實在很難拒絕。

根據勞倫斯那兩位來求我接手出版事宜的朋友所說，《查泰萊夫人的情人》這本書已經沒救了。其中一人是我的舊識理查・艾丁頓，另一位阿爾道斯・赫胥黎（Aldous Huxley）則是初次與我見面。赫胥黎長得很高，所以當我們經過低矮的走廊到後面房間去討論這件事時，他必須屈身行走。我覺得他為好友勞倫斯的犧牲實在很大，因為他不喜歡《尤利西斯》，結果居然要委屈自己前來喬伊斯的大本營。當時《查泰萊夫人的情人》已經在佛羅倫斯以限量版形式發行了，出版商是一對英、義合作的迷人夥伴，他們總是以「戴維斯先生與歐李奧里先生」（Messrs. Davis and Orioli）的名義出書，珍版書的行家們一定很熟悉他們的名號。

不幸的是，《查泰萊夫人的情人》與《尤利西斯》還有其他被迫出國流亡的書一樣，未受版權保護。盜版情況猖獗，在巴黎所流通的那個版本，顯然是未限量、低價而且未經授權的，作者根本無利可圖。勞倫斯殷切期盼我能以低價版的形式為他在巴黎出版，趕快終止盜版的情形。

朋友出面並未幫勞倫斯達成目的，於是他親自來見我。帶他來的是我倆都認識的一個朋友，也是一位曾在西西里島與他比鄰而居的英國藝術家，貝芬芮吉小姐（Miss Beveridge）。貝芬芮吉小姐幫他畫了一幅肖像，他注意到莎士比亞書店裡也擺了一幅那肖像的複製畫，於是在上面幫我簽名。他也說希望送我一張由攝影師史蒂格利茲幫他拍的照片，會請他寄一張過來。

芙里艾妲・勞倫斯（Frieda Lawrence）是個高大的金髮女郎，後來幾次都與她丈夫一起來書店，但是當我跟他討論出書事宜時，她都在看書，所以遺憾的是，我們沒有交談過。

勞倫斯是個充滿個人魅力的人。讓我感到納悶的是，像他這種才華洋溢的作家為什麼似乎沒有寫出能夠符合讀者期待的作品。他是個很有趣的人，非常迷人。我可以了解為何朋友願意為他兩肋插刀，還有為何一些女人願意穿洲越國、飄洋過海，就為了追隨他。

拒絕《查泰萊夫人的情人》是一件很難過的事，特別是，最後一次見面時他已經身染重病，還離開病榻到書店來見我，看起來臉紅發熱。讓我難過的是，我必須向他解釋自己為何不能接下《尤利西斯》以外的任何出版事宜。我不但缺錢，沒有空間也沒有人手跟時間——但是要讓人相信莎士比亞書店沒有賺錢，是很難的一件事。至於要我開口跟他說，我不想成為別人口中的色情書商，更是難以啟齒。而且我也不可能跟他說，我只想出版一本書——在出版過《尤利西斯》那樣一本書之後，還有什麼書是值得出的呢？

勞倫斯又寫了一封信問我是否已經改變心意，而我把回信寄到他留下的法國南部住址。但是既然他在一封後來出版的書信中提到我並未回信，我想我的信應該沒有寄達。

我和喬伊斯的一位共同友人，英國畫家法蘭克・布根先生（Frank Budgen）去威尼斯參加了勞倫斯的葬禮，他寄了幾張暫時墓園的快照給我看，墓園牆上彷彿可以看到勞倫斯的「浴火鳳凰」逐漸消聲匿跡，因為他自己都已經「得道仙逝」了[8]。我覺得在他最初的長眠之處應該要立一個牌子，以茲紀念。

幾乎每天都有人帶著稿子來訪，有時候則是支持者上門。例如阿賴斯特・克羅利（Aleicester Crowley）就不是他自己上門，而是一個金髮女士，一個非常有幹勁的死忠支持者，替他來談生意。

克羅利這個人在他寫的《毒鬼日記》（*Diary of a Drugfiend*）[9]裡面所展現的獨特風格，就跟許多關於他的坊間傳聞一樣。他那黏土色的頭幾乎已經禿了，只有一撮頭髮從額頭往後延伸，經過頭頂後在頸背垂下——那頭髮好像用膠水黏在頭上似的，生怕風會把它吹掉。他把自己搞得像木乃伊似的，看來令人心生反感。我和他只有短暫時間稱得上是認識；看著他那副模樣，我懷疑那些英國朋友隱約提及的是不是真有其事：他們說他是個特務。我想，會被挑上當特務的人，應該不會像他那樣醒目。

阿鐸斯聖山（Mount Athos）上修道院裡的修士、黑色彌撒儀式等等人、事、物都被克羅利寫進他的書裡面。至於那「人獸交」的儀式，還有他跟牛津學生的關係，我希望是別人以訛傳訛的，書裡面從未提及。

結果這金髮女士打開一只公事包，拿出一份出版說明書，上面寫著「《阿賴斯特・克羅利的回憶錄》即將由莎士比亞書店出版」，甚至還備妥了一份跟莎士比亞書店的契約書，上面只差我的簽名——這實在很驚人。每個細節在之前都已經先處理好了，裡面甚至規定莎士比亞書店要把售書所得的百分之五十撥給克羅利先生，而且還要我們把顧客通訊錄給他！

某天有個男孩頭戴著有「美心餐廳」（Maxim's）標誌的帽子，他騎著腳踏車在書店門口下車，遞了一張便條紙給我。寫便條的人是餐廳的服務生領班，他說他想把回憶錄交給我出版。他說，他那年代的每個名人他都認識——有國王、戲劇名角、頭牌名妓，還有政治家。他可以爆很多料！他說，這本書如果出版，可能是這麼多年來文壇僅見的盛事，他甚至暗示，會比《尤利西斯》還精采。他希望莎士比亞書店不要錯過這大好機會。

後來，差不多在同一時刻，我收到美國女演員妲露拉・班海德小姐（Tallulah Bankhead）的代表來信，問我是否有興趣出版她的回憶錄。班海德小姐一定是太過早熟了，她寫那封信的時候也才剛剛長大成人而已[10]。班海德的手稿從來沒有出現過，但如果我獲准看稿的話，我想她大概就不准我退稿了吧。

然而，事實是：書店的經營，以及光是一個作者的出版事業就已經夠忙了，而且我還要幫助許多小型評論雜誌社，以及與一些新的小出版社合作——它們當時就這樣紛紛從我的身邊冒出來。如果莎士比亞書店真的接下任何一本手稿，那些手稿的下場想必都會很慘。

第二版

《尤利西斯》出版不久後，薇佛小姐寫信問我，她是否可以自己出資把第一版的完稿製成印刷版。儘管我很訝異她這麼快就要出第二版，還是很快給了她。對於喬伊斯這位女金主，我是不能說「不」的，而且我知道這是喬伊斯本人的計畫。他在《尤利西斯》出版後便立刻趕到倫敦去安排這整件事，他平時做事本來就是如此性急，而當時我還在處理第一本成書很難送到美國各地的問題——正如我剛剛所說的，多虧我的「最佳顧客」才解決這問題。當我說我印了一千本的時候，喬伊斯曾說：「那本無聊的書，妳一本都賣不出去的。」但是當他看到情勢完全相反，初版的一千本幾乎無法滿足讀者的需求，他一定很後悔沒有多印幾本。後來他聽說高價版很搶手，於是決定讓更多書上市，以阻絕把買書當投資的投機行為，這樣獲利的就會是作者，而不是那些投機客。《尤利西斯》是他的大投資，自然他應該試著從中獲得最大的利潤。

第二版跟初版一樣，都是在第戎印的。它的規格跟初版很接近，書皮也是藍色，但是上面加了一個註記：「由自我主義者出版社的約翰・洛克（John Rodker）11出版」。這次印了兩千本，其中一部分運到了英國東南部的多佛港（Dover），結果被扣押下來，根據薇佛小姐所說，立刻被送到「國王的煙囪」去焚燒了——大家都是這麼稱呼政府的焚化爐。她一聽到書被扣押，馬上趕到多佛港去，但只看到她的《尤利西斯》已經灰飛煙滅。送到美國的那些書也都不見蹤影，大概跟許多小貓一樣，都掉進紐約港裡「淹死了」。但是其中一定有部分成功登陸，而且從我偶爾收到的信件看來，因為兩個版本太像，所以很容易被搞混。同時，許多巴黎書商向我抗議，他們聽說初版上市才幾個月後就出現了第二版，一個個都義憤填膺，他們覺得這違反了限量版的出版原則。儘管第二版跟我沒有關係，但他們都怪我。

這確實是我的錯，他們的抱怨也有道理。這都是因為我經驗不足，在第二版宣布發行之前，我早該想到這些書商還來不及賣掉他們庫存的限量發行初版。顯然薇佛小姐與喬伊斯覺得這種出版方式不值得大驚小怪——因為喬伊斯似乎在一封寫給薇佛小姐的信裡面表示他很訝異，覺得怎麼巴黎的書商會跟我抱怨。

第二版《尤利西斯》的下場證明了，當時無論如何是不可能讓書在英國上市的。而且在我的祖國也不可能出版它，除非有人出面打壓「防範罪惡協會」。所以，在橫越英吉利海峽與大西洋的企圖相繼失利之後，《尤利西斯》又回到了劇院街的莎士比亞書店。

《尤利西斯》穩定成長

莎士比亞書店的版本一印再印——從四、五、六，一直到七刷。因為幾刷是用羅馬數字標示，所以喬伊斯說這讓他想到教宗的稱呼。（提到教宗，我要說有個年輕人在前往羅馬前到店裡買了一本《尤利西斯》，他後來寫信告訴我，說他混跡在梵蒂岡的一群聽眾裡，把書藏在大衣下，結果教宗在不知情的狀況下居然為《尤利西斯》賜福。）讓喬伊斯沮喪的是，有些印出來的書是白色書皮，就好像服務生穿的白外套一樣。因為第戎那邊用完了藍色的紙，有一些則是為了省錢而印在吸墨紙上。

到了第七刷，我把字體換了，而且第一版那些讓我致歉的錯誤也改掉了——或者我該說，我們覺得已經改掉了。我想是法蘭克・哈里斯推薦我把稿子交給他一位替《每日郵報》（*Daily Mail*）工作的朋友校對。這個人是個專業的校對員，他仔細來回看了幾次。我自己也看過了，但是因為我不是專業人士，當然也就不算數。第八刷的書本抵達後，我拿了一本給喬伊斯，他熱切地戴著兩副眼鏡外加一支放大鏡看頭幾頁，結果我聽他大叫一聲。才一頁就出了三個錯。

儘管打字出錯，《尤利西斯》還是賣得很好，一開始主要是賣給那些位於右岸的英美書店。隨著書的名聲大噪，所有的法國書店，不管它們以前有沒有賣過英文書，都發現了有《尤利西斯》這麼一本書，造成需求量大增。全城各地都有人被派遣到店裡來買書，他們聚著閒聊，話題通常都繞著書打轉，書的重量自然是大家都關切的重點——這件事也讓我感到很有趣。我後悔出版這麼重的一本書，而他們都因為我出了一本暢銷書而讚賞我。他們會把一塊塊綠方巾鋪在地上，或許放二十本《尤利西斯》在上頭，再把方巾的四個角抓起來打成一個結，然後把一包沉甸甸的書甩到肩頭。接著他們會繼續去其他地方取書。因為這個差事，害得他們得常常到小酒館去解渴。這些朋友們裡面有個曾大聲用法文唸：「一本《酒意利斯》（*Un Joylisse*）！」還有一次訂單交到我手上時居然是寫：「一本喬伊斯寫的《百合花》[12]。」

我們把書寄到印度、中國、日本，有些顧客來自麻六甲海峽殖民地，而且我敢說，有些顧客還跟沙勞越的獵頭族混在一起。至於那些直接來店裡買書的英美顧客，在其要求之下，我會把書名偽裝成《莎士比亞全集》（*Shakespeare's Works Complete in One Volume*）、《快樂童話集》（*Merry Tales for Little Folks*），或者是其他尺寸相似，但是書名不具爭議的書籍。旅客們研究出一種把《尤利西斯》挾帶回美國的技巧，但是要進英國就沒那麼容易了。

《尤利西斯》在巴黎是賣翻了沒錯，但如果書在英語系國家的一般市面上可以發售，作者與出版商就可以賺更多錢。在非英語系國家的銷量畢竟有限。

譯注

1「聖伯納犬」是最常用來執行雪地救援任務的狗。

2 當時美國本土禁酒，不能製酒、賣酒，也不能進口。

3「愛爾蘭大眾」（Phoblocht）也是愛爾蘭政治團體「新芬黨」（Sinn Féin）的報刊；O・嘉尼（O. Gianni）與A・韓姆斯（A. Hames）兩個人物跟《芬尼根守靈記》有關。

4 十五世紀由波斯人寫成的作品，是知名的「情慾寶典」（手冊）。

5 英國十八世紀小說家。

6《王爾德：他的一生與自白》（*Oscar Wilde: His Life and Confessions*）。

7 王爾德晚年捲入同性戀醜聞與官司，曾身陷囹圄數年。與他鬧醜聞的青年是個貴族，父親為政治家。

8「浴火鳳凰」是勞倫斯作品中一再出現的意象。

9 書中有提及吸食毒品的細節。

10 班海德十五歲就開始當演員，《尤利西斯》出版時才二十出頭。

11 英國現代主義詩人與出版家。

12 這裡作者用的字是 Lily，但我想交訂單給她的人應該是用 Lily 的法文 Lys，跟 Ulysses 諧音。

11 布萊赫

布萊赫（Bryher）啊，布萊赫！我曾經在想，這個名字那麼有趣的人物到底會不會在我店裡出現。我已經認識她丈夫，就是勞勃‧麥克阿蒙。但是布萊赫討厭城市，如她所說的，她討厭那「一排排的商店」。她躲避人群，不是咖啡館的常客，總是離群索居。儘管如此，我知道她還是愛著巴黎以及法國的一切事物，我還真希望她能夠忘記我的書店就在那「一排排的商店」裡面。

後來，麥克阿蒙把她帶來店裡，那一天可是莎士比亞書店的大日子！她是個害羞的英國女孩，身穿訂做的套裝，頭戴的帽子上垂下兩條飾帶，讓我感覺像水手帽。我的視線沒有辦法不看布萊赫的雙眸，因為它們是如此湛藍，更勝於大海與晴空，甚至比卡布里島的海邊藍窟（Blue Grotto in Capri）更美。但是比布萊赫的藍色雙眸本身更美的，是她的眼神。恐怕我到今天還是無法忘懷。

就我記憶所及，布萊赫沒有開過口。她實際上是不出聲的，這在英國並不算罕見，就是連一句話也不講——這在法文裡面是說：「一言千金，所以就讓別人去付開口的代價吧。」於是，講話的事由我和麥克阿蒙來負責，她只顧著東看西看。布萊赫用其特有的方式觀察店裡的一切，就算在「倫敦大轟炸」期間，她在「暖爐茶館」裡也是這樣地觀察一切——從她寫的《貝武夫》（*Beowulf*）[1]這本小說就可以看出來，沒有人可以逃過她的「法眼」。

她的態度跟那些來匆匆去匆匆的人們是如此不同，那些人好像把自己當成到郵局寄包裹似的，從不關心其他事。

布萊赫是真的對莎士比亞書店有興趣，而且一心想要保護它。從她來的那天開始，興趣始終不減，保護的行動也從未停止過。

布萊赫的名字源自於西西里群島中的一個，那是她童年去度假的地方。雖然朋友們一直以布萊赫稱呼她，但是家人與從小就認識她的朋友則都叫她溫妮菲（Winifred）——而她的全名，我想是安妮・溫妮菲（Annie Winifred）。她是約翰・艾勒曼爵士（Sir John Ellerman）的女兒，她父親可是金融鉅子，在英王喬治五世在位期間是個了不起的人。此外，在年輕的時候，他是個傑出的阿爾卑斯山登山客。

小溫妮菲的爸媽很喜歡她，但同時也深受其古怪的個性困擾。她討厭跟其他小女孩一樣穿著漂亮的小洋裝，繫滿絲帶，留一頭捲髮。喔！冬天穿的法蘭絨襯裙更是惹她討厭！她的童年不像《布巴斯特的聖貓》（*The Cat of Bubastes*）[2]還有海洋與歷史故事一樣洋溢著趣味，她必須忍受像跟屁蟲一樣的女家教們，還有帶著白手套的人伺候著她的每一餐！她的爸媽哪知道，她嚮往的是《湯姆歷險記》裡的生活，時時盤算著逃往海上，一等有機會就要從窗戶跳出去！

布萊赫曾把她的第一趟巴黎之旅化為文字，那一本小書被命名為《一九〇〇年的巴黎》（*Paris 1900*）。她當時是跟著爸媽一起去的，他們帶她去看著名的世界博覽會。當年她才五歲，而且比同年齡的小孩都矮小，但她可是個嗆辣的小英國妞，如果有法國人敢批評她的國家，眼睛肯定被「飽以小拳」，她也不想放過那些「死波爾人」（les Böers）——當時正值「波爾戰爭」期間[3]。

過沒多久，爸媽又帶她去埃及，象形文字讓她深深著迷，而且和其他孩子不同的是，習字課本裡有關貓狗的故事讓他們唸得津津有味，她卻覺得埃及人的貓狗比較有趣。而且開羅也很棒。有天她爸媽騎駱駝去了，她便把床單跟枕頭套全拉下來穿在身上，當她在飯店服務人員面前出現時，把大家都嚇了一跳——他們以為她是鬼，結果都大叫逃竄，沒半個敢留在飯店裡。

布萊赫逐漸長大，跟家人之間的誤解也越來越深。她曾寫了一系列自傳式小說，其中一本名為《發展》（*Development*）的小說一直寫到她結婚前為止，在書裡面她道盡自己的悲哀：因為她試著去過的那種生活並不是她想要的。能讓她快樂的只有西洋劍的課程，其餘當然就只剩閱讀了。到她十歲出頭時，《布巴斯特的聖貓》與海洋冒險故事被法國詩歌取代，她的英雄變成了法國詩人馬拉美（Mallarmé）。

在詩歌的幫助之下，至少她可以逃避令人絕望的生活環境。後來她遇到西妲・杜利托，她們成為畢生摯友，透過西妲，她認識了真正的自己，也進入其他作家的世界。在一群被稱為「意象主義詩人」（Imagists）的作家裡，西妲是最受推崇者之一，其他還包括龐德、約翰・古德・佛萊契（John Gould Fletcher）以及其他人，那幾年他們都聚居在倫敦。

因為布萊赫的摯友是美國人，所以她對我的祖國開始產生興趣，並且決定要去美國。所以，如同布萊赫常常提起的，她就跟她的美國嚮導（西妲）「遠走美國」。

那一趟美國之旅中發生的大事，除了與瑪莉安・摩爾（Marianne Moore）及其他詩人初次見面之外，就是與來自明尼蘇達州的年輕詩人勞勃・麥克阿蒙結婚。他們兩人在見面的第二天就結了婚。布萊赫沒有對她下嫁的男人說出自己的身世，因為她怕爭取自由的大計招來反對聲浪，所以她打算直到可以把丈夫帶回英國介紹給雙親之前，都瞞著他們——因為到時候再反對就為時已晚了。但是報紙披露了這一則故事，隔天麥克阿蒙就知道自己娶了約翰・艾勒曼爵士的女兒。

但是布萊赫的父母把這新聞當成好事一樁，很喜歡他們的女婿，全家上下，包括布萊赫的弟弟，都打從心坎喜歡他。

無論是麥克阿蒙的「那一群人」，或者是都市生活，都是布萊赫敬而遠之的。麥克阿蒙的時間大多耗在巴黎，在左岸的咖啡館裡，跟作家朋友們廝混在一起。他的天分使他成為一九二〇年代最有意思的人物之一；而他出手大方，在那一群像波西米亞人的朋友裡面只有他一個是這樣，也是他受歡迎的重要原因之一。喝酒總是他請客，而且——唉！他喝的也最多。因為手頭有資金可以運用，他也就開始自己當起出版商，而他的「接觸出版社」（Contact Editions）出版了不少好書。麥克阿蒙深受朋友喜愛，但是他這個人實在太過放浪不羈——不管在個人生活或者文學創作上都是如此。就像他自己跟我說的：「我只是個酒鬼。」

儘管我們偶爾想要把布萊赫哄來巴黎，她還是很少來——或許一年來個一次。但是每當她來的時候，大伙兒總是興高采烈，愛德希娜會邀一些法國朋友跟她見面。有次她來書店時，發現顧客們全圍在壁爐架上那一堆信件旁翻找自己的信件。對於左岸的這些藝術家而言，莎士比亞書店就像是他們的美國運通快遞公司——我們有時也充當銀行，就像我曾說的，莎士比亞書店是「左邊的銀行」（The Left Bank）[4]。布萊赫覺得這項郵政服務是如此重要，應該要特別準備一個盒子來裝信，因此就幫我們弄了一個大盒子，盒子裡有按照字母排列的小隔間，為信件分類也因此變成一種享受。

最令人感激的禮物是一尊莎士比亞的半身雕像——因為他是我們的守護聖人。那是一尊彩色的史戴福郡陶瓷雕像（Staffordshire ware），是艾勒曼爵士夫人在英國布萊頓市（Brighton）幫我們買的：它被包在報紙裡面，由麥克阿蒙從倫敦帶過來，我們把它安置在壁爐架上。從來到書店的那一天起，它就成為我們最寶貝的飾品，而且被我當成幸運符。

儘管布萊赫不會喜歡我提起，我還是要說：大家都不太知道她在大戰期間一直跟散居各國的一群知識份子保持聯絡，她把他們像家人一樣連結在一起；不論是大戰期間還是平時，她都對他們呵護倍至，而且她寫信的次數也很頻繁。

布萊赫一定討厭「慈善家」這個稱號，但是想到她那樣幫助一些身陷困境的人，實在沒有別的字眼可以形容她。例如，在她那一連串的義舉之中，包括營救了好幾十個被納粹迫害的人。我親眼見證她千方百計把他們救出魔掌，最後協助他們渡海抵達美國，而且關照一直持續著，讓他們能在新世界安頓下來。布萊赫的一生可以說是一則精采的歷史故事，令人慶幸的是，這故事還沒結束呢！

譯注

1 這個「貝武夫」是一隻小狗，不是史詩神話中的英雄人物。

2 一八八八年出版的兒童故事，作者是喬治・韓帝（George A. Henty）。

3 當時英國在南非進行「第二次波爾戰爭」，對手是世居南非殖民地的荷蘭移民後裔。

4 「Bank」的字義是「河岸」也是「銀行」。

12 店裡的雜務

對於那些喜歡獨自呆在角落做白日夢、閱讀以及冥想的人而言，莎士比亞書店的世界是混亂的。有些人從活躍的生活中抽離出來，把後半生用來沉思；而我則是相反，前半輩子陷入沉思，後半輩子忙得團團轉。佛洛伊德有個剛剛從維也納抵達巴黎的學生對我說：「你是個性外向者的完美典型。」

首先要談的是書店每天要做的一些事，事情還真多。就像〈南西・貝爾號韻詩〉（Rhyme of the Nancy Bell）[1]裡面寫的：我是「大廚兼船長」——直到米赫馨出現之前，不管是學徒、老闆、員工的工作，全都由我包辦。想像一下，我要記帳，要賣書，又要辦理借書！我必須要管理三個儲存不同貨幣的銀行帳戶，包括美元、法郎與英鎊，讓我最感困擾的一件事，就是要以「便士」、「生丁」[2]等貨幣單位記帳。我因為算術太爛，做生意更是辛苦，浪費了許多時間與紙張。

有一次我恰巧跟普林斯頓的老朋友婕西・薩耶（Jessie Sayre），也就是威爾遜總統的漂亮二女兒提起我的難處，當時她在巴黎暫做停留，對我的書店很有興趣。婕西建議我找一天晚間去她的飯店，她會很快教我一套算術方法，當年她成功地把同一套方法教給她那一群發展遲緩的學生。晚餐過後，我們去她房間學算術。隔天婕西與她丈夫薩耶先生就要離開巴黎——說也奇怪，她丈夫的長相跟她父親有一種驚人的相似性。婕西離開時信心滿滿，認為她的那套算法我一定很快能學起來。我實在不想掃我好友的興，而且也羞於啟齒，所以從未跟她說，回去後我又故態復萌，算錢用的紙張並未減少。

愛德希娜的書店給人的印象是安寧靜謐的，每個進來的人都會自然放慢腳步。但那是因為她店裡沒有一個像喬伊斯的大作家，況且，我們美國人本來就過慣了胡鬧喧嘩的生活，因此莎士比亞書店也是胡鬧喧嘩的。我父親在普林斯頓讀書時被取了一個綽號叫做「雜務畢奇」（Variety Beach），沒想到這外號倒是蠻適合我這個在巴黎開書店的女兒。

早上從九點開始，在巴黎大學教授盎格魯—薩克遜研究的余雄先生（Huchon）就來店裡幫他的英國籍太太買一本輕鬆的小說。一直到半夜這一段時間裡，無論什麼時候都會有學生、讀者、作家、譯者、出版商、出版社業務以及我的朋友在店裡面進進出出。我的圖書館會員裡面有很多是當時的作家，當然也有許多喜歡讀他們作品的沒沒無聞的朋友們。我特別喜歡那些借喬伊斯與艾略特作品的會員，但是借其他書籍的人也有權被尊重。我為養育七個嗷嗷待哺的幼兒的媽媽，提供一整套「賓豆系列小說」（Bindle series）[3]；當法國人堅持時，還要想辦法弄到查爾斯・摩根（Charles Morgan）[4]的作品給他們看。我很喜歡像自己一樣的平凡讀者。如果沒有我們這種人的話，作家該怎麼辦？書店該怎麼辦？

幫客人「試書」就像鞋店店員幫客人試鞋一樣困難。我們會幫客戶從英美進口一些怪東西，像有個人每年來店裡一趟，為的是拿他訂的《拉斐爾星曆年刊》（*Raphael's Ephemerides*）。為什麼他們不乾脆跟我買一本《男兒之志》（*A Boy's Will*）[5]就算了，幹嘛老是買一些我沒有庫存的東西？

一半以上的客戶當然都是法國人，而我的工作就是要幫他們上課，講授最新的美國文學資訊。我發現有些美國新作家是他們連聽都沒聽過的。

我有個訂戶是英國科學家培根的信徒，我的書店店名把他惹毛了，所以他一直跟我糾纏不休。囫圇吞下培根蛋早餐後，他會匆匆趕到書店——他怕我又開始回那些堆積如山的信件，忙到沒空搭理他。他會從書架上取下《憂鬱的解析》（*Anatomy of Melancholy*）[6]或其他書籍，翻到書的某頁對我說：「看吧，莎翁作品都是培根寫的[7]！」這個訂戶有點暴力傾向，有天我發現他居然在瞄我們的撥火棒，看來他好像準備給「莎士比亞書店」的主人一點顏色瞧瞧。幸好，以往都在早上來書店一趟的海明威剛好在那一刻走進來，我也鬆了一口氣。

我比較喜歡那些兒童訂戶。他們一進來就坐在那張紅色圓桌邊的老舊扶手椅上，安靜讀著布萊赫寫的《圖解兒童地理書》（*A Picture Geography for Little Children*）。布萊赫覺得書應該編排成又大又薄，坐在上面也很方便。如果手邊的事情不是很重要，我很樂意暫停工作，向孩子們展示拉爾博收藏的西點軍校玩具兵，還有我那些放在後面房間櫥櫃上的玩具，我必須把他們抱起來才看得到。

我最喜歡的一個小孩是海麗葉・華特菲爾（Harriet Waterfield），當時她爸爸高登・華特菲爾（Gordon Waterfield）正在為他們家族的長輩達夫・高登夫人（Lady Duff Gordon）[8]做傳。那是一本很有趣的書，我可以跟所有人打包票，書中有許多引人入勝的故事。

海麗葉才五歲，她跟媽媽說：「雪維兒・畢奇是我最好的朋友。」我也把她當成摯友。有天本來我該看店的，但她帶我去布隆涅森林（Bois de Boulogne）的動物園玩。當時是春天，一群小動物就在我們腳邊走來走去。惱人的是，牠們常會跳起來咬掉你大衣上的鈕扣——通常是你最好的一件，媽媽還交代千萬不能把它弄壞。看大象的時候反而讓人比較輕鬆，因為牠們跳不起來。海麗葉說：「下次咱們直接來看大象吧。」

有一天，一個金髮白衣的小女孩跟父親一起走進店裡，她坐在小圓桌旁閱讀童書。她是詩人克洛岱爾的乾女兒薇歐蘭（Violaine）。克洛岱爾有部劇作叫做《小女孩薇歐蘭》

（*La Jeune Fille Violaine*），她的名字就是用劇中女主角的名字取的。她爸爸昂瑞・歐伯諾（Henri Hoppenot）是詩人也是大使，更是我們的好朋友。薇歐蘭和媽媽愛倫娜（Hélène）才剛剛跟著父親從北京回國。

這小女孩的英文幾乎比法文強，那天當我跟她爸爸在聊天時，她完全沉浸在凱特・格琳娜威（Kate Greenaway）[9]的作品裡。後來到她二十歲的時候，變成了英勇對抗納粹的反抗軍女英雄。

小狗是莎士比亞書店的稀客，雖然我的小狗泰迪對待牠們的方式有時並不友善。泰迪也有自己的故事。牠原來的主人是我的顧客：一個年輕漂亮，來自布魯克林的女孩子。牠是一隻雜種的硬毛公㹴犬，非常迷人。牠常常來店裡，而且總是戴著一枚由布魯克林所核發的狗牌，牠也不讓任何人拿走。後來有天牠的女主人跟我說，儘管她很喜歡泰迪，但是再也不能養牠了，要我把牠當禮物一樣收下。我跟她說，我沒辦法養狗，因為喬伊斯怕狗，更何況我還要經營書店。她說服我的方式也很絕——她說：「泰迪要人哄著才能入睡呢！」

所以我便試著養牠，前提是慕賽（Mousse）能夠接受牠——慕賽是愛德希娜的爸媽養的濃毛大牧羊犬，因為我們常會去他們位於鄉下的家過週末，所以兩隻狗一定要合得來。泰迪的女主人把狗鍊交給我，還仔細交代我怎樣照顧牠的健康與飲食（讓愛德希娜的爸媽感到驚訝的是，這隻狗居然愛吃鮭魚罐頭），還有牠會做哪些事、玩哪些把戲、聽哪些話（她可是費盡苦心才教會這些東西）。泰迪的那些把戲把孩子們都逗得很樂，如果牠被棄養也不至於餓死——因為任何一家馬戲團都會聘用牠。牠可以站著轉圈圈，平躺在地上直到你喊「三！」才起來，而且如果你給牠一支棍子，牠可以用鼻子頂著它，拋起來，在它落地前把它咬住。

我怕如果把泰迪交到別人手裡對牠會是個打擊。沒想到牠不僅完全接受新環境，而且當原來的主人第一次到店裡來看牠時，牠連招呼都懶得打。我想大概是自尊心作祟吧。

週末我跟愛德希娜和泰迪一起去趕火車的時候，被車掌擋下。他說：「不能帶狗上車，牠沒戴口套。」我們沒有帶著口套，而且也沒時間去弄一個，因為這火車是我們能搭的最後一班車。這個時候，總是不肯吃虧的愛德希娜拿出一條大手帕，套住泰迪的嘴巴。車掌還想不出什麼話可以阻擋我們，我們就已經衝上車，踏上前往鄉間的路。

慕賽這種狗本來是住在山上的。牠還是小狗時就被我從薩瓦省（Savoy）買走，送給了愛德希娜的爸爸。沒有任何人可以隨意幫牠刷毛，包括牠的主人，山裡的狗不容別人侵犯其尊嚴。愛德希娜的媽媽只有一次試著要幫牠把打結的毛刷開，結果慕賽搶走了梳子，把纏在梳子上的狗毛扯下來，一口吞下肚——沒有人可以搶走牠的毛。

明眼人都看得出慕賽不需要泰迪作伴。但是在激烈的第一次接觸後，牠們倆成了好朋友。慕賽喜歡泰迪，因為牠懂「人情事故」；而泰迪則崇拜慕賽，因為牠是一隻雄糾糾的公狗。

愛德希娜覺得泰迪是高度「演化」的生物：牠曾投胎轉世過很多次，或者如《尤利西斯》的女主角茉莉‧布魯姆所說的，是一種「會轉世的靈魂」（met-him-pike-hoses）10。愛德希娜覺得下次牠會投胎成為一個郵差，我想這是一種尊敬的說法，因為她爸爸就是在郵局工作。我比較喜歡牠現在這樣子，牠也喜歡我，所以我確定牠會為我保持現在這模樣。

每當喬伊斯來店裡的時候，我一定得把泰迪趕出去。可憐的喬伊斯！當我跟愛德希娜弄來一輛車的時候，喬伊斯不太高興，因為他覺得只有官員才配坐車；結果，現在莎士比亞書店又來了一隻他更討厭的「惡狗」。

喬伊斯不喜歡泰迪，但是他愛死了書店裡一隻叫做萊喜（Lucky），毛色像墨水一樣黝黑的貓。喬伊斯不戴手套的，所以萊喜的「飲食習慣」並未惹惱他——人們只要把手套擺在桌上，一不留神就會發現手指的部分被牠給咬掉了。怎麼教萊喜也沒有用，我只能畫個「小心手套被咬破」的告示。帽子也是，我很羞愧地承認，海明威那一頂全新的好帽子就被牠毀掉了。有一次大夥們到愛德希娜她家去喝茶，結果萊喜把臥室中所有手套的手指都咬掉。喬伊斯太太還為別人的手套大發雷霆，結果在回家後才發現自己的手套也沒有倖免於難。

訪客與朋友

莎士比亞書店的訪客來自各國。二〇年代初期有位訪客來自當時稱為「俄羅斯」的地方[11]，他就是塞吉・艾森斯坦（Serge Eisenstein），一位總是能提出許多刺激的電影創作理念的偉大藝術家。在我見過的人裡面，他真的是最有趣的一個。艾森斯坦非常注意文學界的動向，也是個死忠的「喬伊斯迷」。他想要把《尤利西斯》改編拍攝成電影，但是他跟我說，因為對書中文字懷有無限敬意，所以不願用畫面來局限文字[12]。

後來艾森斯坦又回到巴黎。他邀請我跟愛德希娜到蘇聯大使館，在那裡播放他的新片《總路線》（*The General Line*）給我們看。他的創意多到沒有辦法同時在一部片中呈現，而且片長也好像無止無盡。

我和艾森斯坦達成一項協議：我提供他英文新書，他則給我一些當代的俄國文學作品。從他給我的書看來，當時在蘇俄好像沒有真正的重量級作品，但也有可能是因為缺少英譯本。

蘇聯外交官李特維諾夫（Litvinov）一家也是書店常客。艾薇・李特維諾夫太太（Ivy Litvinov）是英國人，她丈夫則幾乎算是個愛爾蘭人——因為他跟喬伊斯都是都柏林大學的校友。他們家小孩也出現在書店兒童顧客們的照片中，我對妲妮雅（Tania）的印象特別深刻。

我的顧客跟朋友包括一位中國籍的語音學教授（他有一對雙胞胎孩子），其他還有柬埔寨人、希臘人、印度人、中歐人以及南美人。當然，最多的還是英、美、法三國人。

珍娜・芙蘭娜（Janet Flanner）是我最早的美國友人之一，她後來改用筆名潔內（Genêt）。她在二〇年代常常進出書店。有次她在搭火車前往羅馬前先到店裡來了一趟，為了只是拿兩本藝術書送給店裡的圖書館。愛德希娜很喜歡書裡的插圖，被她借走後好一陣子都不肯還回來。

芙蘭娜是個四處流浪的作家，所以她總是不在巴黎，不是去了倫敦，就是去了羅馬或其他地方。才華橫溢的她是個工作狂，但我可以證明，她總是撥冗照顧周遭的人。有次為了報答她的好意，我送了一本《尤利西斯》給她，裡面還夾著一張作者的手稿。幾年後，當喬伊斯的身價水漲船高後，她問我是否反對把書賣給一家有名的圖書館——賣書所得是歸我而不是她。她的個性就是這樣。

一九四四年巴黎得到解放時，有位《生活》（*Life*）雜誌的攝影師讓我的兩位老顧客在劇院街十二號前面留影：那兩人就是芙蘭娜與海明威。那攝影師的構想真棒。

我早期的另一個友人是美國小說家約翰・多斯・帕索斯（John Dos Passos）。他似乎總是來匆匆去匆匆。在《三個士兵》（*Three Soldiers*）出版後，《曼哈頓轉運站》（*Manhattan Transfer*）出版前的這一段時間裡[13]，我曾遇過他，但總是驚鴻一瞥。我看過他有時會跟海明威在一起。有天我在午休後開店時，發現有張多斯·帕索斯的照片被人從門縫推了進來。因為之前我曾拜託「多斯」（當時我們都那樣叫他）一定要給我一張照片，好讓我擺在收藏作家照片的地方。

劇作家桑頓·懷爾德（Thornton Wilder）首次來書店的時間跟海明威差不多。過去他常跟年輕的海明威夫婦見面，也是書店常客，害羞的他就像個年輕的助理牧師。他的背景跟同一時期在巴黎居住的那些人似乎有點不同。我喜歡他的兩本小說：《卡巴拉》（*Cabala*）與《聖路易·雷伊橋》（*Bridge of San Luis Rey*），而且覺得儘管他功成名就，但還是很謙遜。法國人喜歡他的《聖路易·雷伊橋》，而且幾乎把那本小說當成法國文學的一部分，遵循的是法國文學傳統。我那群二〇年代的朋友裡面，有些人讓人覺得真是鮮明的對照，例如懷爾德與麥克阿蒙之間的對比就讓人難以理解——不過，美國這國家那麼大，人的特性本來就形形色色。

不久後，我注意到桑頓·懷爾德似乎比較常去克西斯汀內街，而幾乎不來劇院街了——因為我很喜歡他，對此我感到遺憾。但是我從來不覺得我們的友誼褪了色，只是他比較多事情要到別處去處理罷了。舍伍德·安德森也是這樣，但與其說他轉到克西斯汀內街的方向，不如說他比較常去葛楚家裡[14]。

藝術家曼・雷和他的女弟子貝瑞妮絲・艾巴特（Berenice Abbott）是「那一群人」的專屬攝影師。我書店牆上貼滿他們的作品。如果哪天曼・雷和貝瑞妮絲・艾巴特幫你拍了照片，那表示你已經不是無名小卒了。但是我想，曼・雷最有興趣的並不是攝影，他在前衛藝術運動中已經是響噹噹的人物，也是「達達」與「超現實主義」兩大陣營的成員。

一九二四年四月，美國的書商與出版商注意到，《出版商週刊》（*Publishers' Weekly*）上刊登了一篇關於莎士比亞書店的文章。他們對我這地方充滿興趣，我這兒也變成他們到巴黎必定會造訪之處。對於書店被業界的正式刊物所注意，我覺得很自豪。那篇文章的作者是摩瑞・科迪（Morrill Cody）——他的另一本書是關於一個重要的人物「酒保吉米」（Jimmy the Barman），而且還由海明威幫他寫導讀[15]。跟我其他那些二〇年代的朋友一樣，摩瑞・科迪後來也很有成就，從那時候一直到現在都對美、法的文化外交有所貢獻。

「那一群人」

美國作家茱娜・巴恩絲（Djuna Barnes）是如此迷人，如此充滿愛爾蘭風味，而且才華橫溢。她在一九二〇年代初期來到巴黎，跟《小評論》那一群人是同一掛，也混跡於紐約的格林威治村（Greenwich Village），更是麥克阿蒙的朋友。她的第一本小說在一九二二年出版，書名既簡單又有特色，就叫做《一本書》（*A Book*），也建立了她的作家名聲。她的作品常帶有奇異又憂鬱的氣息——跟她那愉悅的微笑形成強烈對比——在當時可以說獨樹一格。而且，像小販那樣沿街兜售作品的事，她是不幹的。值得慶幸的是，詩人艾略特是個識馬的伯樂——他賞識她，並且把她推上應得的地位[16]。儘管如此，每當有人著書討論那個時代的作家時，她似乎還是沒有獲得應有的重視。我覺得她當然是最有才華的作家之一，而且是二〇年代巴黎文學圈中最迷人的角色。

我書店剛開張那兩年，有個美國作家常常在拉丁區（the Quarter）一帶活動，他叫做馬斯登・哈特利（Marsden Hartley）。他是個有趣的傢伙，麥克阿蒙的「接觸出版社」幫他出版了《二十五首詩》（*Twenty-five Poems*）。他在巴黎並未待太久，但是跟他接觸幾次後我發現他很迷人，只是有點憂鬱的氣質。

「憂鬱」這兩個字，則絕對不會被用在瑪莉・芭茲（Mary Butts）[17]身上（至少我認識她時是這樣）。這個雙頰紅撲撲的紅髮女郎是活躍在二〇年代巴黎的人物，她的代表作是《無信仰者的困境》（*Traps for Unbelievers*），科克多（Cocteau）[18]幫她畫的畫像忠實反映出她在當時的模樣。但是她的人生最後變成悲劇，而本來充滿潛力的寫作生涯也因為她的驟逝而中斷[19]。儘管她有些小說曾被接觸出版社出版——其中一本是《艾許家的環欄莊園》（*Ashe of Rings*），但她所有的書似乎在她死後就絕版，從書市上完全消失。瑪莉・芭茲還寫了一本關於埃及豔后的書：她認為她是一位知性的女性，簡直可稱為博學多聞。

「那一群人」裡面有三大美女，她們都來自同一家庭（這是多麼不公平的一件事？）。第一個是英國女詩人米娜・洛伊（Mina Loy），另外兩個是她女兒裘拉與法比（Joella and Faby，顯然這兩個名字應該不是這樣拼的）。她們長得是如此漂亮，以致於所到之處必引起側目，而她們也已經習以為常。但我想，如果舉行投票的話，最美的會是媽媽米娜。想見誰就可以見到誰的喬伊斯，根據他的觀察，裘拉是個怎麼看都美的美人——一頭金髮，不管是雙眼、膚色，或者體態，都很美——所以喬伊斯是把票投給她了。當時法比還是個小女孩，但已經是個美人胚子，而且很迷人，任誰都無法不多看她一眼。

一進米娜的公寓，你會發現到處是燈罩：她靠製作燈罩養小孩。而且她自己所有的衣服都是自製的，可能小孩的也是。她的帽子跟燈罩很像，或者我該說燈罩跟帽子很像？

她一有時間就寫詩。麥克阿蒙幫她出版了一小本詩集，書名充滿了米娜的個人風格：《月的旅行指南》（*Lunar Baedecker*）——這裡特別要注意麥克阿蒙把「旅行指南」這個字拼錯了。

麥克阿蒙有個日本朋友跟我們這一群一樣都住在左岸，他叫做佐藤建（Ken Sato），他的《誌怪故事》（*Quaint Stories*）也是麥克阿蒙出版的。那些故事寫的都是一些勇猛的日本武士跟他們的手下，不但故事奇怪，作者用的英文也很奇怪。到底有多怪？讓我打個比方吧——那奇怪的程度就好像有人說紀德的祖先來自日本一樣怪。

我一位同胞總是對我跟愛德希娜的書店很有興趣：她就是詩人娜塔莉・克莉佛・芭妮小姐（Natalie Clifford Barney），也就是黑米・德古蒙（Rémy de Gourmont）[20]在《書信集》（*Letters*）裡面盛讚的「女戰神」。每天清晨她都在布隆涅森林裡騎馬，因此搏得此一美名。她寫詩，而且她主持的「沙龍」也是巴黎藝文界最知名的，但是我懷疑她曾認真看待文學這回事。就一個女戰神而言，芭妮小姐不算好鬥的；相反地，她很迷人，最美妙的是她總是頂著一頭金髮，全身穿著白衣。我相信，就算對女性而言，她也具有致命的吸引力。每到週五，芭妮小姐一定都待在她位於雅各街（rue Jacob）的「公館」（pavillon），十七世紀的名媛作家妮儂・德蘭可（Ninon de Lenclos）也是住在那裡——不過我不確定她每週五是否在家。儘管黑米・德古蒙已經去世，但他的兄弟還是頻繁出入芭妮小姐的家。與她交好的是那些常在《信使文學期刊》上發表作品的作家，這也許就是她跟詩人龐德之間的交集，他的朋友也都與該刊物有密切關係。透過龐德的介紹，芭妮小姐才得以安排在沙龍裡演奏喬治・安塞爾的音樂。

有天我到芭妮小姐的住處幫她找一本從我圖書館借出的書。她帶我去看一個裝滿書的櫥櫃，因為太滿，門一打開就掉了一本書出來，結果是龐德的散文集《挑唆》（*Instigations*）。她說：「如果妳找不到書，就把這本拿回去吧！」我抗議說那是一本很珍貴的書，而且上面還有作者指名要送她的簽字，但她還是堅持我把書拿走。她說她只讀詩，其他一概不讀，也不會留在她的圖書室裡。

儘管芭妮小姐的外型如此女性化，在她家卻能遇見一些身穿高領上衣，眼戴單片鏡片的女士。可惜我錯過大好機會，沒能在她的沙龍裡認識《寂寞之井》（*The Well of Loneliness*）[21]的作者——她在該書的結論中說，如果同性戀也可以結為連理，那麼兩人之間就不會有任何問題。

在芭妮小姐家我遇見了桃莉・王爾德（Dolly Wilde），她跟叔叔王爾德長得很像，但是比較好看。她在威尼斯去世真是個悲劇，芭妮小姐後來出版了一本令人感動的書獻給她。芭妮小姐還有另一個朋友也是悲劇似地驟逝，她是女詩人蕾內・薇薇安（Renée Vivien）。

不過芭妮小姐仍是個樂觀的人：她總是過著快活愉悅的生活，而且她為客人提供的糕點也都很高級，特別是可隆班餐廳（Colombin's）的巧克力蛋糕。

《夫人的年鑑》（*The Lady's Almanach*）是一本作者不詳的經典之作，有可能是茱娜・巴恩絲寫的，據說描寫的就是芭妮小姐。

有位女士帶著芭妮小姐的介紹信來到我店裡——但是雅各街的那些文藝活動似乎對她沒任何助益。她看起來一副矯揉造作的模樣，還用氣音跟我咬耳朵說：「妳還有沒有什麼書是在講那些可憐的傢伙？」

譯注

1 英國詩人威廉・吉伯特（William S. Gilbert）的作品，「南西・貝爾號」是一艘船。
2 「生丁」（centime）：一百生丁等於一法郎。
3 英國幽默小說家赫伯・詹金斯（Herbert Jenkins）創作的一系列小說，以「賓豆」這個人物為主角。
4 英國小說家、劇作家。
5 美國詩人佛洛斯特（Robert Frost）在一九一三年發表的詩集。
6 十六世紀哲學家勞勃・伯頓（Robert Burton）的作品。
7 戲劇研究史上確實有人主張「莎士比亞」其實是培根的筆名，而不是那個叫做威廉・莎士比亞的人。
8 達夫・高登夫人是十九、二十世紀英國時尚界聞人，也是鐵達尼號沉沒時的少數倖存者之一。
9 十九世紀英國童書作家。
10 這是喬伊斯玩的文字遊戲，「會轉世的靈魂」（met-him-pike-hoses）其實應該是「metempsychosis」——來自希臘文，就是「從靈魂轉化」（transmigration of souls）的意思。

11 這本書寫成的時候，俄羅斯是「蘇聯」（Soviet Union）的一部分；作者應該是為了強調當時蘇聯還沒成立（一九二二年才成立），所以俄羅斯還是個獨立的地方。

12 這本小說後來在一九六七年被美國導演約瑟夫・史崔克（Joseph Strick）改編拍攝成電影；史崔克後來在一九七七年又製作了電影版的《一位年輕藝術家的畫像》。

13 一九二〇年到二五年間。

14 前面有提到，葛楚・史坦因女士家住在克西斯汀內街。

15 那本書的書名是《真是來對地方了：酒保吉米的回憶錄》（*This Must Be the Place: Memoirs of Jimmie, the Barman*）。「酒保吉米」原名詹姆士・查特斯（James Charters），是個英國的退休拳擊手，也是海明威最喜歡的巴黎酒保。他工作的地點是「丁哥」酒吧。

16 艾略特當時擔任法柏出版社（Faber & Faber）的編輯，在其安排下，出版了她最著名的一本小說《迷夜森林》（*Nightwood*）。

17 英國現代主義作家。

18 法國小說家、劇作家與設計家。

19 她因吸毒而去世，享年僅僅四十六歲。

20 法國象徵主義詩人。

21 英國女作家瑞克里芙・霍爾（Radclyffe Hall）所寫的同性戀小說。

13 《機械芭蕾》

費茲傑羅、項松與普黑渥斯特

對於那些在店裡進進出出的美國作家，愛德希娜跟我一樣對他們很感興趣，他們每個人都是我們共同的好友。真希望劇院街下面有條地道，這樣進出兩人的店就會方便多了。

我們有一個好友是小說家史考特．費茲傑羅（Scott Fitzgerald）——我拍了一張他跟愛德希娜在莎士比亞書店門廊前的合照。我們都很喜歡他，但話說回來，又有誰不喜歡他了？他的雙眼湛藍，又長得那麼好看，而且總是關心他人。儘管他總是冒冒失失的，而且生活糜爛到無法自拔，但是一在劇院街出現就讓人覺得目眩神迷。

費茲傑羅崇拜喬伊斯，但是不敢接近他，所以愛德希娜便煮了一頓佳餚，邀請喬伊斯夫婦、費茲傑羅夫婦、安德黑．項松（André Chamson）[1]與他太太露西一起共進晚餐。在我那本《大亨小傳》（*The Great Gatsby*）裡面，費茲傑羅畫了一張當晚所有賓客的圖——

圖中的喬伊斯頭上頂著光環，費茲傑羅跪在他身邊，而我跟愛德希娜的頭跟腳都被畫成了美人魚的模樣（還是女妖？）。

可憐的費茲傑羅，寫書賺的錢好像太多似的，於是便和妻子瑟達（Zelda）在蒙馬特區（Montmartre）[2]拼命喝香檳，想要這樣把錢花光。他把一張出版社的支票兌現後，全部花掉，買了一串項鍊送妻子，而她則把項鍊當作禮物送給一個跟她在蒙馬特區夜總會跳舞的黑人女孩，但是那個女孩隔天早上就把項鍊退還給她。

這對夫妻總是把錢放在他們住家大廳裡的盤子上，如此一來，那些要來結帳或者要小費的人就可以自己動手拿錢。費茲傑羅就是這樣揮霍他賺的錢，完全沒考慮到未來。

我想我是透過費茲傑羅才跟好萊塢大導演金恩・維鐸（King Vidor）見面的；反過來我則介紹了年輕作家項松給費茲傑羅認識。

我就是這樣跟好萊塢結緣而後結怨的。維鐸有天來書店問我是否認識年輕的法國作家，他希望找一本書來拍成電影。我馬上想到安德黑・項松的第一本小說：《開路》（*The Road*）。那是一個很刺激而戲劇性的真實故事，內容描述一條路的開拓過程，發生地點在項松的老家，賽佛那山區（Cévennes）的艾戈樂山（l'Aigual）。故事中的山腳村落就是他出生與長大的地方，而這個賽佛那人的故事不但驚人而美麗，也是他的親身經歷。

所以我向維鐸導演推薦《開路》，告訴他故事講的是什麼。他說：「怎麼會這樣？這故事就是我要的。」於是他建議我請項松來書店一趟。

維鐸回來後帶著他太太艾莉諾・博德曼（Eleanor Boardman），要她跟項松一起編劇。他不懂法文，項松則不會英文，於是我充當翻譯，而且當劇本慢慢成形時，我也感到高興。當時維鐸在歐洲的聲勢正如日中天，而且他的為人也沒讓我失望。他很有深度，而且也體解人意，同時有非常敏銳的洞察力。

《開路》的劇本開始大概一個月後，維鐸的大車子卻再也沒有出現在書店門口。我只收到一張匆忙寫就的潦草紙條，通知我他突然被召回美國——除此之外沒寫別的。那是他留下的最後隻字片語。

維鐸曾數次承諾要讓項松變成有錢人，後來項松跟我想到這件事就笑——不過那時候我們覺得他可是認真的。他希望項松在法國寫什麼就寄什麼給他看，還要他跟著去好萊塢，那可是個淘金的地方。所幸項松來自一個古老而充滿智慧的種族，用他們的話來講，他從未「忘記北邊在哪裡」（perdre le nord），也就是他懂得走自己的路。他問維鐸：「那我本來的工作怎麼辦？」項松有份好工作，在法國眾議院裡擔任某個部長的祕書，他並不想放棄這職務。

但我在這件事裡面也很沒面子——更糟的是，我的祖國也丟了臉。至於費茲傑羅，他更是嚇壞了；還好他很和善處理這件事，儘管我們讓項松失望，他也很快就不再計較了。

項松夫婦當時住在先賢祀（Pantheon）後面的小公寓。他們說有天費茲傑羅於半夜前往造訪，費茲傑羅手拿一個裝著香檳的桶子——八成又是從哪個夜總會拿出來的。在和朋友共飲後，他把身體往長沙發上一倒，打算在此過夜，露西則拿出一條毯子給他蓋。然後他又改變了主意：夫妻倆差點攔不住他從陽台往下跳（他們住的地方可是六樓啊）。項松最後終於舉步維艱地把費茲傑羅扶下樓，送他進了一輛計程車。他也阻止了他把口袋裡的錢全掏給司機，司機則是緊張地避之唯恐不及（他用法文說：「那樣我會惹上麻煩。」）計程車司機都是老實人。

項松的工作一帆風順，假如當初聽從那「鬼給的建議」，反而糟了。結果他變成有史以來最年輕的凡爾賽宮博物館館長。目前他不但是小皇宮美術館（Petit Palais）[3]及其他兩間國家博物館的館長，也已經成為法蘭西學院（Académie Française）的院士。

一九二〇年代中期，我跟愛德希娜常和項松還有作家尚・普黑渥斯特（Jean Prévost）見面——這兩人雖是密友，但卻一點都不相似。項松很穩重、好學、多才多藝，而且頭腦冷靜；普黑渥斯特卻很孤僻，脾氣不好又情緒化。他是個文法學家，滿腦子哲學思考；項松則是個藝術行家與歷史學家，很有政治頭腦。

愛德希娜辦期刊時，普黑渥斯特曾當過一陣子助理編輯，所以他常來兩家書店晃。安德黑・默華是他的好友，他非常仰慕默華，默華則對他很照顧。普黑渥斯特嘴裡總是聊著有關默華的事。

愛德希娜跟項松一樣都來自山裡，兩人也都有最喜歡的山。項松的山是賽佛那山區的艾戈樂山，愛德希娜的山則是位於薩瓦省尚貝希市（Chambéry）的高山「荒漠山」（Les Déserts），以及位於賀瓦峰（Revard）與尼渥列十字峰（Croix de Nivolet）之間的艾克斯雷班山（Aix-les-Bains）。

為了證明項松所言不假，我們開車下賽佛那山區去一探艾戈樂山的究竟，事後還得向他承認他的喜愛是有道理的。那是一座林木蔭鬱的高山，而且有溪流從山邊流下，山下是「快樂谷」（Vallée du Bonheur）。有一條路蜿蜒通往山頂，就是小說《開路》裡的那條路，人們能夠開拓出那樣一條路真是偉大的成就。當我們抵達艾戈樂山的頂端，便隔著賽佛那山區眺望地中海。儘管山景如此美麗，愛德希娜覺得跟她家鄉的薩瓦阿爾卑斯山區比起來，還是小巫見大巫。

普黑渥斯特的腦袋「像石頭一樣硬」——我不是說他在工作上很頑固，這句話要從字面上來看，意思是他的頭骨真的很硬。為了證明這一點，他曾拿我書店裡的鐵管去敲自己的頭。管子差點打彎了，我差點嚇死了，但是他卻毫髮無傷。曾當過拳擊手的他說，不管別人怎麼重擊他的頭也都一點不礙事的，他沒有感覺。誰都可以拿鐵條去砸他的頭。海明威就是這樣傷了拇指的——我曾安排這兩個拳擊冠軍打了一場。普黑渥斯特的體格雄偉而健壯，他也是個運動健將，週日總是去踢足球。

普黑渥斯特是師範學院（Ecole Normale）的畢業生，有天我們三人坐在愛德希娜的圖書館裡，這時候有個長相很有趣的中年男人駐足在櫥窗前看書。普黑渥斯特說：「那是艾希歐！」說完就衝了出去。在兩人走進店裡之前，他用師範學院特有的方式向艾希歐打招呼——因為太不雅，恕我不便描述。我喜歡艾杜亞・艾希歐（Edouard Herriot）[4]這個人，也敬重他這個政治家。此外，他對我的祖國總是很友善。我跑回對街的莎士比亞書店拿出他寫的《諾曼地森林中》（*Amid the Forests of Normandy*）給他簽名，他很慷慨答應了。

普黑渥斯特這個人連感冒與胃痛這種小病都很在意，但是卻不怕死。結果他在反抗德軍的活動中捐軀了。

阿契博德・麥克賴許

在莎士比亞書店的美國會員中，艾達（Ada）與阿契博德・麥克賴許夫婦是我很喜歡的兩個人。麥克賴許是《快樂婚姻》（*The Happy Marriage*）與《地母》（*The Pot of Earth*）兩本小書的作者，他在一九二四年來到書店（或者是稍後？我不確定）。「阿契」在一九二八年幫我在《快樂婚姻》一書上簽名，但是早在一九二六年他就已經是我的老朋友。他也是喬伊斯的朋友，當《尤利西斯》的盜版猖獗時，他跟路德維希·盧維松（Ludwig Lewisohn）[5]都曾執筆提出抗議。

我還記得麥克賴許與海明威曾在書店碰面，討論如何搭救因為某件事而被警方拘留的詩人哈特·克蘭（Hart Crane）。我們有些朋友喝太多酒，而且又懂太少法文，就常會碰到這種問題。所幸每當這種緊急狀況出現時，麥克賴許與海明威就會出面救人。

愛德希娜與我曾於一天晚上到麥克賴許夫婦家用餐：他們住在寬闊的布隆涅森林大道上一間優雅的小房子裡，那條大道現已改稱福煦大道（avenue Foch）。房子是一位朋友租給麥克賴許的，還有一個戴白手套的傭人——他們語帶歉疚地解釋，那傭人是附帶的，必須一起租用。

餐後麥克賴許為我們朗讀已經完成一部分的詩作，艾達則用美麗的嗓音高歌。喬伊斯夫婦也在場，喬伊斯很喜歡她的歌聲，而且在她開演唱會之前，喬伊斯還教她唱愛爾蘭歌謠，我們也都去參加演唱會。

《機械芭蕾》

莎士比亞書店也曾參與音樂活動。在我們搬到劇院街後，喬治·安塞爾與太太布約絲克也搬到書店樓上那間兩房公寓裡。這下子安塞爾可樂壞了，因為他是個讀很多書的人，看遍了我圖書館中的每一本書。每當顧客們看著牆上的照片，不免會問曼・雷拍的那個人是誰——那個額頭有一撮瀏海的傢伙。這時候，照片裡的人有可能會打開圖書館側門現身，手臂夾著許多書籍。為了幫我擺脫店裡的庫存，安塞爾給了我許多寶貴建議：他說店頭櫥窗裡擺的那些書要用更刺激的標語來介紹它們。他說一定會馬上賣出去，他建議的一些標題我連講都講不出口，我想可能真的能刺激銷量吧。

如果安塞爾忘記帶鑰匙，而布約絲克又出門去了，他會攀著書店招牌爬上二樓窗口。路過的人紛紛圍觀——唉，我這些顧客個個都像拍西部片的演員似的。他們常在書店街頭呼嘯而過，有些人甚至身著牛仔裝。我們的門房是個已經忠實地服務四十年的老太太，她喜歡美國人，她總是說：「我們美國人啊！」而且她認為我們這國家的人就像賽馬一樣有趣。在她當門房之前，她丈夫是個載客到隆向賽馬場（Longchamps）的公車司機，而她則在肩上斜背著皮革背袋，負責收錢。她曾說：「那隻美國來的。」說的是我的狗泰迪，因為牠身上戴著布魯克林狗牌。她特別喜歡安塞爾——他晚歸時則除外，因為她要起床為他開門。

安塞爾和我都很喜歡《尤利西斯》。他曾說：「這一定行得通。」說話的口氣好像他發明出一種機器似的。他夢想著用《尤利西斯》的構想創作一部歌劇，可惜這夢想未能實現。

愛德希娜和我從一開始就參與了《機械芭蕾》（*Ballet Mécanique*）[6]的創作。安塞爾在創作的時候還沒有鋼琴，而且愛德希娜也整天都在店裡，所以就讓他去她的公寓使用鋼琴。如果你看過安塞爾彈鋼琴，你就會覺得鋼琴是一種打擊樂器：因為他比較像是在「敲鋼琴」[7]。打掃公寓的女傭曾倚著掃帚欣賞琴音，她說那種音樂聽來就像「消防隊在救火」，很有趣，但是也讓她很困擾。

看著他的曲子逐漸成形，我們感到很興奮。曲子完成後，我們受邀到普雷耶音樂廳（*Pleyel's*）去欣賞安塞爾的鋼琴表演。聽眾有三排，在場的有愛德希娜、喬伊斯、麥克阿蒙、我，還有其他幾個人，布約絲克當然也得在場——演奏者汗如雨下，她得幫他擦汗。

安塞爾說，嚴格來講，《機械芭蕾》是為了機械鋼琴（player piano）而譜寫的，人的雙手根本不可能演奏它，所以他彈鋼琴時非常辛苦。我們每個人都很喜歡那首曲子，喬伊斯也不例外，但他覺得遺憾的是，即使是機械鋼琴演奏起來還是帶有鋼琴家的味道，感覺不夠純粹。

在布萊赫的母親，艾勒曼爵士夫人的贊助之下，安塞爾才能堅持完成《機械芭蕾》的創作。伯克夫人（Mrs. Bok）[8]也寄來一張支票，幫他支付演奏所需開銷。他把香榭麗舍劇院（Théâtre des Champs Elysée）租下，對安塞爾的音樂很有興趣的名指揮家瓦拉狄米爾・葛勒許芒（Vladimir Golschmann）也願意幫他指揮，同時也把此一音樂計畫加入他的交響樂之中。

同時，詩人龐德夫婦也邀請我們去參加一個私人音樂會，會中演奏的是龐德與安塞爾合作的曲子。這兩位對音樂充滿企圖心的創作者的作品，在普雷耶音樂廳的一個小演奏室演出。我和愛德希娜身邊坐的是喬伊斯跟他兒子喬喬。喬伊斯帶他來，是希望把他的興趣轉向現代樂派，但是龐德與安塞爾的作品顯然不可能幫他達成目的。其他在場的還有《小評論》的馬格麗特・安德森與珍・希浦，還有茱娜・巴恩斯與海明威。

安塞爾的音樂計畫被正式命名為：〈機械芭蕾（獨創音樂的宣言）〉：演奏者為歐嘉・洛姬[9]與喬治・安塞爾〉。

一九二五年他們在香榭麗舍劇院演出《機械芭蕾》，這可是二〇年代的大事之一。「那一群人」全部現身，偌大的劇院被擠得水洩不通。我們抵達時距離演奏雖然還有一點時間，但是要找到座位卻很困難，因為整個劇院裡都是人，外面還有騷動的人群想要擠進去——那情景真的像土耳其的「帝王陵墓」一樣壯觀，「裡面都是滿的」。但是我們還有很多時間，因為安塞爾的燕尾服被蟲蛀了一個洞，他不肯穿著出場，幸虧他的朋友艾倫・坦那（Allen Tanner）幫他補起來，否則這場演奏會少了主要的鋼琴手，可就沒辦法開始了。喬伊斯夫婦坐在包廂裡，還有很少見的詩人艾略特——盛裝打扮的他看來是如此英俊，跟他一起來的是巴夏諾王妃（Princess Bassiano）[10]。坐在最上層的是一群來自蒙帕那斯區的朋友，龐德坐在他們之中等著聆聽安塞爾的精采演出。在交響樂團中，一個相貌不凡的黑衣女士起身以優雅姿態向大家鞠躬，有人竊竊私語說她一定是皇室成員。結果愛德希娜對我大叫：「那是妳的門房！」

《機械芭蕾》對聽眾造成一些奇怪的影響。整個演奏廳裡到處有人伴隨著音樂在喊叫，一樓有人咒罵，但是又被樓上叫好的聲音壓下去；龐德的聲音聽起來比誰都大，而且有人說，他為了聆聽音樂而把半個身體都伸出了二樓外。

我看到有人互相打巴掌，有人鬼吼鬼叫，但是卻聽不到半點《機械芭蕾》的音樂——不過從演奏者的動作看來，演出是一直進行著。

但是這些怒氣突然都平息下來：因為輪到飛機螺旋槳上場演出，它一轉動就吹起了一陣風，史都華・吉伯特說他隔壁那個人的假髮被吹掉，一路飛到演奏廳的後方。男人把他們的衣領都拉了起來，女人則把她們的圍巾披起來，因為實在有點冷。

我們不能說大家聽到了《機械芭蕾》的音樂，但至少安塞爾進行了一場「熱鬧的演出」（chahut）——這可是達達藝術的最高境界。

我覺得如今安塞爾應該要全心投入工作中，有些人勸他多做幾場表演才能賺錢，而他則告訴我，龐德勸他應該去義大利進行徒步的巡迴演出，而且要背著他那隻叫做「瘋子」的貓。但是安塞爾不喜歡走路，更何況是背著一隻貓？至於「瘋子」，牠喜歡走路的地方僅限於房子的陽台，因為那是追求母貓一定要做的事。

最後安塞爾為了「追求節奏」而走入非洲叢林，他找到一個演奏音樂時「不用樂器，只有棍子」的地方。後來他沒有跟任何人連絡——我實在很後悔讓他看圖書館裡面那本《非洲沼澤地》（*African Swamps*），也急著想知道他在哪裡。他爸爸也是：看了新聞報導後，他發了一封電報給我，問我有沒有他兒子的消息。我書店裡的電話響個不停，幸好就在我急得快抓狂之際，他終於出現了。

我和安塞爾有一個共同的朋友是美國作家兼作曲家維吉・湯森（Virgil Thomson），他同時也是葛楚・史坦因女士的朋友。當時巴黎各大音樂沙龍都會演奏他的作品，特別是在名媛杜伯斯夫人（Madame Du Bost）所主持的沙龍裡：史特拉汶斯基（Stravinsky）、「六人小組」（The Six）[11]以及安塞爾的作品也都在那裡演出。

有個美國人在一九二八年到莎士比亞書店去買《尤利西斯》：他是名音樂家喬治・蓋希文（George Gershwin）。他是個很迷人而可愛的人。一個我未曾謀面的女士幫蓋希文一家人舉辦了一場宴會。大家根本不必為了要跟女主人握手致意而費心尋找她——因為人群不斷從電梯湧進她的公寓，誰也無法指出她的位置，而所有人都想去喬治・蓋希文的大鋼琴旁湊熱鬧。他的哥哥，知名歌詞作家艾拉（Ira），與他漂亮的妹妹法蘭西絲（Frances），都站在他身旁，法蘭西絲唱了幾首他的作品，而蓋希文則一邊彈奏自己的曲子，一邊唱歌。

譯注

1 法國小說家。

2 其實費茲傑羅寫的小說大多不暢銷，只有《大亨小傳》算是賣座；於是他必須創作大量的短篇小說給美國的雜誌，藉此糊口，晚年也曾去好萊塢當編劇，生活過得很辛苦。當時巴黎有兩個藝術家聚居的地區，一個是左岸的蒙帕那斯區，一個是右岸的蒙馬特區。

3 位於巴黎香榭麗舍大道上的皇宮博物館，旁邊還有一座大皇宮博物館。

4 法國政治家，一九二〇到三〇年代間曾三度擔任法國第四共和政府總理。

5 德裔的美國猶太小說家與評論家。

6 以一些機器物件的活動運轉為主題拍攝完成的電影，由喬治・安塞爾進行配樂工作。

7 一般人把鋼琴當成絃樂器，但實際上也有一派說法認為鋼琴是打擊樂器。

8 她丈夫是美國有名的編輯與普立茲獎得主愛德華・伯克。

9 歐嘉・洛姬（Olga Rudge）：美國小提琴演奏家，也是詩人龐德長期的外遇對象，兩人育有一女。

10 巴夏諾王子就是義大利的羅斐雷多・卡耶塔尼王子（Roffredo Caetani），巴夏諾王妃是美國人，本名是瑪格莉特・卡耶塔尼（Marguerite Caetani）。

11 「六人小組」：包括弗杭希・埔朗（Francis Poulenc）、達悉・米堯（Darius Milhaud）等六位音樂家的音樂集團。

14 惠特曼在巴黎

《銀船月刊》

到一九二〇年代中期，法國讀者已經對美國作家非常有興趣，而愛德希娜是這股風氣的幕後推手之一。《銀船月刊》（*Le Navire d'Argent*）在一九二五年刊載了詩人艾略特的〈普魯福洛克之歌〉（Prufrock），是該篇作品首度被譯成法文問世。詩是我們倆一起翻譯的，也許不是譯得很好，但至少它是在我們的愛意中被翻譯出來的[1]，而且原作者也沒罵過我們。一九二六年三月號的《銀船月刊》是「美國專刊」。專刊第一篇文章是詩人惠特曼的政治講稿〈第十八任總統〉（The Eighteenth Presidency）——稿子是一個叫做尚・卡戴勒（Jean Catel）的年輕法國教授發現的。卡戴勒相信那是一篇惠特曼未出版過的稿子，也許真是這樣。我們把它翻譯成法文。在詩人自己的印刷稿上，那字體小得我看到眼睛差點瞎掉，害我得去看喬伊斯的眼科醫師。當天正好是喬伊斯的生日，我去參加他的生日宴會，大家都睜大了眼睛——喬伊斯本人和他的出版商，眼睛上各戴了一個黑色眼罩。

除了惠特曼的作品，那本「美國專刊」裡還有「四個年輕的美國作家」（Quatre Jeunes Etats-Uniens），包括：威廉・卡洛斯・威廉斯、麥克阿蒙、海明威以及康明斯（e. e. Cummings）[2]。這些作家的作品都是首度以法文問世，專刊裡節錄了威廉斯的小說作品《偉大的美國小說》（*Le Grand Roman américain*），由《尤利西斯》的法文版譯者奧古斯特・摩何爾（Auguste Morel）翻譯；還有海明威的〈不敗者〉（Invincible），刊出全文；而康明斯的《囚房》（*The Enormous Room*）的第十章〈速普利斯山〉（Sipliss），則由喬治・杜伊普雷（George Duplaix）翻譯；而麥克阿蒙的短篇故事〈公關高手〉（Agence de Publicité），則是由我和愛德希娜兩人翻譯。

專刊中還收錄了愛德希娜編的「美國作品書目」（Bibliographie américaine）。她費了一番功夫，把已經翻譯成法文的美國作品編成書目。這可不是件簡單的事，之前她已經完成一份類似的英國文學書目。想想也真奇怪，之前竟然沒有人編過這種翻譯作品的書目。但這工作只是純粹的自我滿足，完全不求回報的。

惠特曼在巴黎

也大概在同一時間，我舉辦了一個紀念惠特曼的特展。惠特曼的作品完全沒有風格可言。「那一群人」受不了他，特別是在艾略特批評他之後，更加受不了了。只有喬伊斯、法國人跟我的想法還算「懷舊派」，看得慣他的東西。就算我只睜開一隻眼睛，也可以看出惠特曼對於喬伊斯的影響——某天他不是曾唸過惠特曼的詩句給我聽嗎？

喬・戴維森聽說我將舉辦一個惠特曼特展，特地跑來告訴我，有個計畫正在進行中：紐約的炮台公園（Battery）即將豎立一座惠特曼的雕像。在通往雕像的林蔭大道上，兩側會擺上長椅，好讓人們在午餐時間可以在此休憩。戴維森受委託製作雕像，他把惠特曼雕塑成散步的樣子，象徵著前方有無限寬敞的路。他希望我放一尊惠特曼雕像的複製品在我的展覽場地，我則很高興曼哈頓地區打算這樣紀念惠特曼，也很高興能把惠特曼特展的門票收入捐給他們所募的基金。

戴維森把雕像的複製品及惠特曼一些有趣的照片帶來給我，而且我也借到許多珍貴的頭幾版的書籍，還有信件跟其他東西——令人訝異的是，法國人居然收藏了那麼多惠特曼的東西。當然還有莎士比亞書店本身收藏的稿件——就是歐比森姨媽去坎登鎮拜訪惠特曼時，從廢紙簍裡搶救出來的手稿。

特展已經就緒，只差大小適中的國旗。國旗一來可以擋住書櫃，二來可以增添愛國的氣息，因為惠特曼總能激起我的愛國熱忱。儘管是國旗，我想要的是美國小說家E・B・懷特（E. B. White）所寫的那種「狂野的國旗」（Wild Flag）[3]——剛好我手上那面美國國旗有可能是全巴黎最大的。我在羅浮百貨公司（Louvre Magasins）用低價買下了它，是那種可以掛在高大建築物前的旗子，是第一次世界大戰的遺物。那面旗在惠特曼特展上發揮了很大功效。

多年後，我又得到第二面大旗。這面旗原本屬於國民計算機公司（National Cash Register）[4]大樓，在巴黎即將被解放前，德軍在該大樓丟了一枚炸彈，這慘案發生的隔天早上，我正從大樓斷垣殘壁附近的聖母院（Notre Dame Cathedral）走出來，正好遇到一個人拿著兩面國旗，那尺寸是我見過最大的——分別是法國與美國的國旗。一問之下，我發現他是國民計算機公司的員工，正要把國旗安置在安全地點。結果他馬上把這份重責大任轉交到我手上，我就這樣一路拿著國旗走回家：還好在巴黎被解放期間，這種事情已經見怪不怪。

惠特曼特展辦得很成功，我弄了一本簽名簿，大小跟《尤利西斯》一樣尺寸，封面是摩洛哥山羊皮革。裡面有很多訪客的簽名，頭一個便是保羅・梵樂希。

接觸出版社與三山出版社

莎士比亞書店當時曾與巴黎一些出版英文書的小出版社保持密切聯繫。最早開張的一家是麥克阿蒙的「接觸出版社」，他在福特・麥達克斯・福特（Ford Madox Ford）[5]編的

《大西洋兩岸評論》（*Transatlantic Review*）創刊號中，發表了這樣的宣言：

> 每隔兩週到六個月——也可能隔六年——的時間，我們將會出版形形色色的作品——這些作品往往是那些其他出版社最不可能出版的，因為他們怕賠錢或者犯法……每一刷我們只會印三百本。這些書被出版的理由，只是因為它們已經被寫出來了，而且我們出版社覺得它們好到足以被出版。任何人只要有興趣，請洽巴黎劇院街十二號的接觸出版社[6]。

麥克阿蒙與威廉・卡洛斯・威廉斯曾在紐約合作推動他們所謂的「接觸運動」（Contact Movement）。麥克阿蒙移居到巴黎之前，他們已經出版過一兩期的《接觸文藝評論》（*Contact Review*）。我從來不太懂「接觸運動」的宗旨為何，但是接觸出版社出的書可都是不同凡響。例如，他們出了一本藍色的小書叫做《三篇故事與十首詩》（*Three Stories & Ten Poems*），作者是剛剛出道的海明威。書很快就賣光了，結果作者跟出版社都打響了名號。接下來是麥克阿蒙自己的故事集，那書名據喬伊斯表示，根本就是在講作者自己：《閒不下來的傢伙們》（*A Hasty Bunch*）。那是麥克阿蒙的第一本散文體書籍，至於他的第一本詩集，之前已經在英國由「自我主義者出版社」出版了，書名叫做《探掘》（*Explorations*）。

接觸出版社又出了布萊赫的《兩個自我》（*Two Selves*）以及西妲的《羊皮紙》

（*Palimpsest*）。還有瑪莉・芭茲的小說《艾許家的環欄莊園》——這本小說和她其他作品一樣，現在在市場上都是一書難求，真希望有天她的作品能以全集的方式完整出版。他們出版的還包括：美國作家約翰・何爾曼（John Herrmann）的《發生了什麼事》（*What Happens*），是一個關於一位鼓手的有趣故事；葛楚・比絲莉（Gertrude Beasley）的《我生命中的前二十年》（*My First Twenty Years*）——這個德州學校老師可不像普通老師一樣無聊。最先出版的書裡面，當然還有《匆忙的男人》（*The Hurried Man*），作者是一個正由「那一群人」照顧著，於米蘭臥病在床的義大利詩人艾曼努爾・卡內瓦里（Emanuel Carnevali）。其他作品還包括佐藤建的《誌怪故事》、馬斯登・哈特利的《二十五首詩》、威廉・卡洛斯・威廉斯的《春與萬物》（*Spring and All*）、米娜・洛伊的《月的旅行指南》（我知道這本書正要在美國再版）、艾德溫・藍翰（Edwin Lanham）的《水手們才不管那麼多》（*Sailors Don't Care*）、勞勃・寇提斯（Robert Coates）的《黑暗的吞噬者》（*Eater of Darkness*），還有麥克阿蒙的另外兩本短篇故事集：《隨身書》（*A Companion Volume*）與《青春期過後》（*Post Adolescence*）——後面這本是他最喜歡的作品。

最後要說的是，他們還出了一本《接觸出版社當代作家選集》（*Contact Collection of Contemporary Writers*），裡面節錄刊載的東西，都是作家們剛好在進行創作的稿件，是我所見過最有趣的一本選集。裡面也收錄了《芬尼根守靈記》，不過當時的標題是〈創作中的作品〉；其他作品則來自同時代所有值得一提的作家。

作家要交稿時，都是交到「圓頂咖啡廳」；麥克阿蒙告訴我，他發掘作家的地點，都是在巴黎大大小小的咖啡廳裡。

跟麥克阿蒙一樣搞出版的是他的朋友威廉・伯德。在巴黎的出版圈，他是很有名的一份子，他把他所有的閒錢和閒暇時間都投入在「三山出版社」（Three Mountain Press），完全根據個人喜好出版少量的書籍。他聽同行的作家說有一台手動的印刷機要廉價出售，於是把它買下來，放在聖路易島（Île Saint Louis）[7]上的一間小辦公室裡。有天我去看他時，他正在專心印書，他必須走到人行道上來見我。他跟我解釋，因為那間辦公室只容得下印刷機和他這個編輯兼印刷工。伯德是一個珍版書專家，也是個愛書人，他印的書簡直是每個藏書家心中的夢幻逸品——他用的紙張又大又好，字體漂亮，而且都是限量版。他印的書包括龐德的《詩篇》（*Cantos*）與《空想》（*Indiscretions*），海明威的《我們的時代》以及福特的《男男女女》（*Women and Men*），當然還有其他作品。伯德本人也是個品酒的行家——他出版的書裡面只有一本不是用大張紙印的，是一本叫做《法國美酒》（*French Wines*）的小冊子，作者就是他自己。

傑克・坎恩

傑克・坎恩（Jack Kahane）是我另一位朋友以及出版同業，他來自英國曼徹斯特，是個愛喝酒的第一次世界大戰老兵。我喜歡他的幽默，還有他對虛偽的那種不屑一顧。他開了「梵東出版社」（Vendôme Press）和「方尖塔出版社」，幾乎把所有的時間和金錢全部投入那些「辛辣」的書籍上。他自己用「瑟索・巴爾」（Cecil Barr）的筆名寫了「花系列」小說，例如《黃水仙》（*Daffodil*）等等。除了「花系列」之外，他還寫了一本《吃草羊》（*The Browsing Goat*）。坎恩娶了一個法國老婆，他們一大家子小孩都是靠「花系列」養活的。

坎恩來書店跟我聊天時，總是開著他那一台瓦桑牌敞篷車——一種有玻璃罩的客貨兩用車。他會問說：「我們的上帝最近怎樣啊？」（他是在問喬伊斯好不好。）而且對於我發現《尤利西斯》這本「淫書」，他實在是佩服到「五體投地」，而且從不放棄勸我把出版業務移交給「方尖塔出版社」。但是他也該感到滿意了，因為喬伊斯的一篇新作品《到處都有小孩》（*Haveth Childers Everywhere*）[8]就是由他們出版，但讓坎恩失望的是，他對這篇東西的「性趣」不夠濃厚。坎恩與他的夥伴巴布先生（Babou）出版了很精美的《到處都有小孩》，不久後，他又出版了喬伊斯的《一首詩一便士》（*Pomes Penyeach*），由喬伊斯的女兒露西亞負責字體設計以及裝飾花邊。這種編排的方式讓人想起愛爾蘭的《凱爾之書》

（*The Book of Kells*）[9]，它正是喬伊斯最喜歡的書。我們可以看出《一首詩一便士》受到《凱爾之書》的影響。當喬伊斯發現我有一本《凱爾之書》的時候，他很高興。他說在古代的圖飾書中，只有它是幽默的。

克羅斯比夫婦

哈瑞與克芮絲・克羅斯比（Harry and Caresse Crosby）也想要出版一部分〈創作中的作品〉，於是有天我去看〈沈姆與沈恩的兩則故事〉（Two Tales of Shem and Shaun）[10]這部分進行得如何。他們的「黑日出版社」（Black Sun Press）坐落於古老的樞機主教街（rue Cardinale），距離聖哲曼教堂區只有幾步之遙。這對夫婦是我見過最和善的人——他們是珍版書的專家，更厲害的是，他們也是能辨識好作品的專家。他們買斷了很多好作品，例如哈特・克蘭的《橋》（*The Bridge*）以及麥克賴許的《愛因斯坦》（*Einstein*）。他們還有一項出版品是大家比較少注意的：亨利・詹姆斯（Henry James）的《致華特・貝瑞信函集》（*Letters to Walter Berry*），他在寫這些信時生命已經接近尾聲，信的內容讀來令人覺得既有趣，但又感滄涼，裡面還提到他試著退掉人家送給他的禮物——一個他用不到的高級手提箱。華特・貝瑞也是個有趣的人：我猜想哈瑞・克羅斯比如果不是他的姪甥輩，就是他的表親或堂兄弟。

克羅斯比夫婦所出版的這一部分，標題是《沈姆與沈恩的兩則故事》，裡面包括了我最喜歡的〈蠢蛋與牢騷鬼〉（Mookes and the Gripes）以及〈蟋蟀與螞蟻〉（The Ondt and the Gracehoper）。兩篇故事當然表現出這位用字大師最精采的語言遊戲，裡面如詩歌一般的魅力更是不在話下。

所謂的「蠢蛋」，是喬伊斯以幽默的方式來反擊溫罕・路易斯在《敵人》（*The Enemy*）這本評論期刊中的攻擊。每次喬伊斯想要報仇時，他的方式總是那麼溫和：運用機智的小聰明，把要講的東西融入一種幾乎是耳語或暗語的氣氛中——不僅無傷大雅，甚至可以說充滿溫情。

除了這兩則故事外，還有一則故事要講：克羅斯比要布朗庫希（Brancusi）[11]畫一幅喬伊斯的畫像當成卷首插畫。喬伊斯坐著讓他畫，結果雖然像本人，但是出版商卻不滿意。布朗庫希又試了一次，畫出來的，他說是「最精簡」的喬伊斯——這一次很成功，一看就知道是布朗庫希的手筆！

我這個人比較守舊，所以我喜歡的是那一幅像喬伊斯的畫。前不久布朗庫希才跟凱薩琳・妲德莉（Katherine Dudley）笑著聊這個故事，告訴她說他很樂意把原來那幅畫送給我。對我來說，《沈姆與沈恩的兩則故事》的卷首插圖恐怕是太過「精簡」了。

在閒暇時，克羅斯比學著開飛機：他對死亡有一種迷戀，而且認為沒有什麼死法比墜機身亡更棒的。他喜歡古埃及的《死亡之書》（*Book of the Dead*），而且還送給喬伊斯一套印刷精美分成三冊的版本。我覺得他這個緊張大師會緊張到開不成飛機，所以就算這種死法吸引他，想死也死不了。他常常在我的書店裡進進出出，從書架上拿書的樣子就像蜂鳥擷取花蜜一樣，不然就是在我桌邊晃來晃去，告訴我是他跟老婆說：「妳，克芮絲，是我老婆。」於是兩人就攜手去市政府辦結婚註冊了。有天他給我一張夫婦倆在他飛機前的合照：在他拿到飛行執照那天拍的。他不常給我看他寫的詩，由此可見他有多謙虛。他這個人做什麼事都很溫和，很迷人而且非常好心。

他在處理喬伊斯的事情時，非常慷慨，其實也就是對我很慷慨。因為，當這些出版社想出版〈創作中的作品〉的某些篇章時，出面與他們安排一切，並且爭取到最好出版條件的，當然不是喬伊斯，而是我。只要是跟喬伊斯有關的事，我就會盡量幫他爭取利益，而且我做事時的頑固是大家都知道的。但是大家也都明白，儘管莎士比亞書店從喬伊斯那裡取得像委任律師一樣的權力，但一切都不以營利為目的：所有服務都是免費的。出版商們都很清楚，所以他們總是給我印刷最精美的書，而且喬伊斯總是「感激地」幫我簽名。

平價版出版社

二次大戰爆發前幾年，葛楚・史坦因與愛莉絲・托卡拉斯曾在她們自己的住所（花街二十七號），開了一家叫做「平價版」（Plain Edition）的出版社。她們出了一些葛楚的書，包括我最喜歡的《敦厚的露西・雀琦》（*Lucy Church Amiably*），還有一本《歌劇與劇本》（*Operas and Plays*），裡面收錄了知名的〈三幕劇中的四聖人〉（Four Saints in Three Acts）——當這部劇本在紐約上演時，音樂是由莎士比亞書店的老客人維吉・湯森負責的，而且書很快就賣完了。平價版出版社印的書很棒，而且在我店裡很受葛楚的書迷歡迎。她們的印刷與用紙都很精美，小本的規格讓我想到最早在二〇年代開出版社的麥克阿蒙和他的接觸出版社。

我要講的最後一家美國人在巴黎開的小出版社，是芭芭拉・哈芮森小姐（Barbara Harrison）開的哈芮森出版社（Harrison Press）。在門羅・惠勒（Monroe Wheeler）這位專家的協助之下，哈芮森小姐出了一些印刷精美的書，其中包括凱薩琳・安妮・波特（Katherine Anne Porter）的《哈千妲》（*Hacienda*）與《法國歌本》（*French Song Book*），現在在書市上絕對都是一書難求的。

《石獸》與《大西洋兩岸評論》

在二〇年代要掌握文學運動發展的最好方式，就是閱讀那些小型評論刊物，它們的內容都很豐富——唉，唯一的問題是，都開不了多久就倒了。莎士比亞書店不曾出過自己的刊物，光是幫朋友們賣書就夠我們忙的。

這些小型刊物的第一本，我想是亞瑟・莫斯（Arthur Moss）發行的《石獸》（*Gargoyle*）[12]，跟他合作的編輯是芙蘿倫絲・姬莉安（Florence Gilliam）。《石獸》的封面是一隻「噴火怪」（chimère），但是我有一個法國建築師朋友告訴我，那隻「噴火怪」跟真正的石獸差了十萬八千里。法國人不喜歡人們把他們的「寵物」給搞混。《石獸》沒發行幾期就結束了，但是內容都很有趣。

然後還有《大西洋兩岸評論》，負責人是之前在《英語評論》（*English Review*）當編輯的福特・麥達克斯・福特。被人慫恿來到巴黎後，他把姓氏從「胡佛」（Hueffer）改成了「福特」，所以大家比較清楚他現在的名字。他曾經在一次世界大戰中遭受毒氣攻擊，但是沒有影響他後來的行動。他這個人很逗趣，作家同伴們都喜歡他——大家都知道，當《英語評論》沒錢時，他自己掏腰包付錢給投稿的作者們。

福特用一艘船當作《大西洋兩岸評論》封面上的標誌，也引用了巴黎的知名格言：「隨波逐流，但未沉沒。」（Fluctuat nec Mergitur）[13]——不過他只擷取了一部分。

他與太太史黛拉・包汶（Stella Bowen）在巴黎做的第一件事，就是邀請「那一群人」去參加宴會，地點在他們租的那間大工作室。當場有人演奏手風琴並且跳舞，除了啤酒、乳酪之外，還有一堆餐點。福特邀我與他共舞，一開始就要我把鞋脫掉——他已經打赤腳了。跟他在一起，比較像是蹦蹦跳跳而不是跳舞。我看到喬伊斯站在旁邊看著我們，一副興味盎然的樣子。

有一次則是他們夫妻倆邀我共進晚餐，當時他們已經搬到一個比較小的工作室，裡面有一個小廚房，餐桌就在旁邊。福特自己煮了炒蛋加培根，東西很好吃。餐後福特到處踱步，一邊唸著他剛剛完成的詩作。那是一首關於天堂的詩，挺有趣的，至少就我聽到的部分而言——希望他沒發現我不斷打瞌睡。因為我都得早起，所以詩歌作品不論長短，只要唸給我聽，我一定立刻睡著。很不幸的是，他唸詩給我聽可能是希望莎士比亞書店能幫他出版（儘管他從未開口請求）。恐怕有些作家不喜歡我只願意幫喬伊斯出書，但是他們可能沒有注意到：光是他一個作者就把我搞得雞飛狗跳了。

在第一期《大西洋兩岸評論》裡面，福特登了一封很有趣的信函，是艾略特寫的。喬伊斯的〈四個老人〉（Four Old Men）[14]則出現在第四期。我記得他們的資金很快開始緊縮，為了不讓他的船「沉沒」，福特回國籌措資金。他不在時，把大小事都交給海明威，直到他回來時，《大西洋兩岸評論》還是辦得很熱鬧。

不管編輯與作者再怎樣有趣，這本評論最後還是停刊了。無論是讀者，還是那些從國外投稿的作者們，都很想念它。

恩尼斯特・華許與《這一區》

某天克拉里基飯店（Claridge's）派人送了一張便條給我，是一個叫做恩尼斯特・華許（Ernest Walsh）的年輕人寫的，還附了一封遠在芝加哥的某人寫的介紹信。華許對於不能登門造訪感到抱歉，因為他病到離不開床榻。他告訴我他的窘境：他說他身上已經沒錢了，除非有人幫他，不然就會被飯店攆走。

真不知道他希望我這家書店在此刻可以做些什麼，而且我又忙到走不開，但是我請一個朋友代替我去看看能幫他做什麼。我朋友發現華許這位詩人躺在飯店最棒的一間套房裡，但確實病得不輕，儘管身邊有醫生以及日夜輪班的護士照顧著，仍無法起身。

我朋友還發現與華許同行的，原本還有兩個可愛的年輕女孩，都是他在船上認識的。他是在跟她們一起去布隆涅森林兜風時感冒的——結果兩個女孩都不見了，或許是要去釣別的凱子吧。華許把身上的錢花個精光。我朋友注意到桌上擺著一罐金色瓶蓋的威士忌，一件亮麗的居家長袍被丟在椅子上，衣櫃裡掛著的都是好衣服。

飯店的管事本來很客氣，但是語氣開始變強硬，表示如果客人不能付錢，自然不能繼續住下去，言談間甚至提到要跟美國大使館聯絡。

幸運的華許，他還有一封介紹信是寫給龐德的，恰巧他是解救詩人的專家，很快就出現了。後來我聽說華許的財務問題已經解決了，他在書店現身時不但已經病癒，而且還帶著一個要好的女性友人。這位贊助他的女人是蘇格蘭詩人愛索・慕海德小姐（Ethel Moorhead），之前她還是個激進女權運動者的時候，曾有炸毀郵筒的壯舉——跟著華許是她的另一個壯舉。此刻他們倆決定要辦一份叫做《這一區》（*This Quarter*）的評論期刊；只是巴黎的氣候不適合華許居住，所以出刊地點挑在蔚藍海岸（Riviera）。

我很喜歡他們倆，也很敬佩他們的勇氣，以及對詩作的熱情。他們實現了計畫，出版的幾期刊物都很活潑。創刊號是「龐德專刊」，第二期講的則是喬伊斯的〈創作中的作品〉中與「沈姆」這角色有關的部分，其他投稿的作家都是美國文學史上「巴黎時期」裡的要角[15]。

後來華許的編務由凱伊・波以爾（Kay Boyle）襄助。因為她的寫作天分還有母性，使她成為二〇年代最有趣的人物之一。當我認識她的時候，她正在寫一些早期的小說，包括以她第一次婚姻為題材的《害人的夜鶯》（*Plagued by the Nightingale*），還有《最後一年以前》（*Year Before Last*）。

後來我們得知，華許知道自己只剩幾個月的生命，所以決定來巴黎與他仰慕的許多作家聚在一起。他想像著自己能成為詩人——但這件事比來巴黎困難多了。華許的一生有其美妙之處，活潑的他像個英雄一般過活著。

《文學變遷》

《文學變遷》（*transition*）的創刊，對於一九二〇年代巴黎的文學圈可是一件大事。我們的好友尤金・裘拉斯是個法美混血的年輕作家，在現代主義的文學運動中是非常活躍的一份子，他跟我說他要離開《巴黎先鋒論壇報》（*Paris Herald Tribune*），並且要辦一份評論期刊——當然，是用英文在巴黎辦。

這是個好消息。雖說常常有人開辦評論期刊，但關門的也不少；而且當時正是開創一本新期刊的最佳時機，加上裘拉斯又是那麼好勝的編輯。我喜歡他這個人，也喜歡他的一些理念。

裘拉斯問我有沒有比較特別的東西可以讓他刊登，我想到，與其讓〈創作中的作品〉在那些評論期刊上零散地刊載，不如讓它能每月在《文學變遷》完整連載。裘拉斯與他的助手艾略特・保羅（Elliot Paul）欣然接受我的建議，而裘拉斯也立刻直接向喬伊斯提出正式請求。喬伊斯打電話問我這計畫怎樣，我勸他要毫不猶豫地答應。我知道裘拉斯是他可以依靠的一個朋友，而喬伊斯的名聲則有助於一本新的期刊打響名號。

和瑪莉雅（Maria）與尤金・裘拉斯夫婦建立情誼並且合作，確實是喬伊斯畢生最棒的事情之一。打從他們幫他刊載作品開始，一直到他去世，他們為他提供了一切服務，而且不覺得自己的犧牲有什麼大不了。

尤金・裘拉斯是法國洛汗內地區（Lorraine）的人，因此英語、法語以及德語都是他的母語，他和喬伊斯這個語言大師一起合作顛覆了英語這種語言。他們隨意操弄許多字的用法，而且只要是有趣的文字遊戲，他們沒什麼不敢玩的。裘拉斯簡直就像上天送給喬伊斯的禮物，讓他如虎添翼。直到《文學變遷》出現以前，他自己一人玩著顛覆英語的遊戲，顯得有點寂寞。

在文學創作方面，裘拉斯可說是個民主派，但有時我不太贊同他的一些看法。他說不要拒絕沒沒無聞的作家，這是他的原則，我也看得出這是個優點，至少他讓新手有上路的機會。如果你看過他們存檔的稿件，你就會發現他的稿源有多五花八門。那段期間，所有最好的英語作品以及歐洲作品都曾刊載在《文學變遷》上面，很多都是第一次問世。在與我有接觸的期刊裡面，《文學變遷》是最有活力也持續發行最久的，而且就開拓新人這方面而言，他們也是最有眼光的。

艾略特・保羅離職後，第一個接替他的是勞勃・賽吉（Robert Sage），其他曾參與編務的人還包括馬修・約瑟夫森（Matthew Josephson）、哈瑞・克羅斯比、卡爾・愛因斯坦（Carl Einstein）、史都華・吉伯特以及詹姆斯・強森・史維尼（James Johnson Sweeney）。

《志業》

我這裡所提到的二〇年代在巴黎出現的評論期刊，都是以英語出版，只有《志業》（*Commerce*）除外。儘管它裡面都刊載法文文章，但期刊卻是一個美國人辦的，就是巴夏諾王妃——她喜歡大家叫她瑪格莉特・卡耶塔尼（Marguerite Caetani）。

《志業》在一九二四年創刊，投稿的都是我們的一些朋友，出版的業務則是由愛德希娜在她劇院街上的書店搞定。梵樂希是編輯，從旁協助的是拉爾博以及法格。聖瓊・佩斯（Saint-John Perse）[16]也是給稿的人之一，而且從他的史詩作品《遠征》（*Anabase*）就可以看出他的文章會出現在上面，因為裡面有一句是這樣寫的：「我靈魂的純粹志業」（ce pur commerce de mon âme）。這首美麗的詩是由艾略特翻譯的。

說到巴夏諾王妃，不管是她的品味、智慧、手腕與慷慨，都是她的法國作家朋友們欽佩的。每當她離開時，他們都很嫉妒羅馬能夠擁有她而非巴黎。

愛德希娜要負責《志業》的編務，而且還有一個最累人的工作，就是要把法格寫的東西加以增刪。法格有很多想法，但是他的手太懶，所以要經過愛德希娜的加工才能變成我們在《志業》上看到的文章。

此外，法格也是深受女主人們喜歡的一個聊天高手——雖然跟他相處是一大考驗。我想到有一次，王妃邀請所有跟《志業》有關的朋友，去她位於凡爾賽區（Versailles）的宅邸吃午餐。她派車來接我們，司機先來劇院街接我和愛德希娜，然後去侯比亞廣場（Square Robiac）接喬伊斯，下一站是去東車站地區（Gare de l'Est region）接法格。司機上去叫他，而我們在下面等。結果他還沒起床——他在床上寫一首以貓為主題的詩，他的貓兒們圍在他身邊。隨後他起床著裝，下來時已經是一個多小時後的事情，但是他又立刻回樓上去，因為他覺得棕色的鞋子不好，黑鞋跟他的西裝比較搭。換好下來後，他又上去換帽子。在上車前他叫司機四處看看有沒有理髮店，因為他需要刮鬍剃髮。但是當天是週日，所有理髮店當然都沒營業。最後還是讓我們找到一家，但是理髮匠已經在關店，法格說服他繼續做生意，兩人便進去店裡。一切搞定後，再也沒有什麼可以拖延，我們才驅車前往凡爾賽。

愛德希娜怕我們遲到太久，法格沒有戴錶，所以他問了戴著四支錶的喬伊斯，結果每支的時間都不一樣。午餐本應在一點開始，不可思議的是，我們居然只遲到了一個半小時。王妃沒有抱怨半句話，她很鎮定，而且談笑如常。至於其他來賓，大家都習慣等待法格了。

這午餐是一頓慶功宴，慶祝《志業》的創刊，以及在裡面刊登了部分的《尤利西斯》法文譯本，所以喬伊斯的出現很重要。他從未接受午宴邀約，因為他都要等到傍晚才覺得自己有辦法與人應酬。但是我勸他破例一次，希望他不會後悔——但是他真的後悔了！我們才剛剛要在餐桌就位，就闖進一隻邋遢的大狗，牠直接衝向喬伊斯，把狗爪子搭在他肩上，看來很喜歡他的樣子。

可憐的喬伊斯！王妃知道他怕狗後，立刻把這隻「人類摯友」帶走，同時跟喬伊斯說這隻小動物對人是沒有傷害的，牠是孩子們的寵物。事實上，牠曾有追趕水電工的前科，害他從窗戶逃走。王妃笑著說：「我還得買一條新長褲賠人家呢！」

喬伊斯抖個不停，跟我咬耳朵說：「她也該賠我一條。」

我們的朋友史都華・吉伯特

《志業》刊出《尤利西斯》部分法文譯本後，馬上引起一位這本書的專家注意[17]。不久後，史都華・吉伯特來找我——或者我該照法國人的習慣，叫他吉伯特就好。

我總是很喜歡這個典型的英國佬來訪，因為他帶著那種令人愉悅的幽默感，雖說風趣無比，但講話又很弔詭刻薄。他曾在緬甸當過九年法官，而且根據他的說法，他的工作是把犯人吊死。但這說法是要存疑的，因為看他做了那麼多好事，我覺得他一定會設法擺脫那份差事。

吉伯特是頭幾個喜歡《尤利西斯》的人，而且他靠自己的淵博學識去吸收書中內容。我覺得，除了喬伊斯以外，最懂這本書的人非吉伯特莫屬。儘管原文被厲害的年輕詩人奧古斯特・摩何爾辛辛苦苦翻譯成法文，但是譯文還是有遺漏，一兩個錯誤難逃吉伯特的法眼。過去摩何爾翻譯過法蘭西斯・湯普森（Francis Thompson）、布萊克與登恩（Donne）等人的英詩，愛德希娜與拉爾博都很喜歡，勸他放下手邊的英詩選集工作，接下《尤利西斯》的翻譯。他提出的條件是要拉爾博幫他修改譯文；譯文在一九二四年完成後，兩人還一起看了一遍。那時吉伯特來跟我說，如果摩何爾與拉爾博願意的話，他這個英國佬應該能幫得上忙。

當時《尤利西斯》的法文譯本是由愛德希娜出版，她與摩何爾、拉爾博都立刻接受了吉伯特的提議。像這種需要歷經千辛萬苦的事業，吉伯特的幫助確實是他們不能缺少的。多虧他，很多錯誤才得以避免，語意不明的地方也被改掉了。我很確定他幫了譯者及審校的拉爾博很大的忙。

合作的幾個譯者的確是遇到了很多麻煩，但是真正被那本「無字天書」害慘的，還是愛德希娜。拉爾博不只想修正，有些地方他還想改寫，但是摩何爾不同意。他發脾氣，還對拉爾博抱怨了兩句，他也生氣吉伯特太過字斟句酌，一氣之下就離開了。身體老是不健康的拉爾博在這時又生病，結果回到他位於薇希鎮附近的家中去休養。繼續留下來工作的，只剩吉伯特跟愛德希娜，據他所說，後續的工作是他們在她書店後面的房間裡完成的。

譯注

1「但至少它是在我們的愛意中被翻譯出來的」：這句話的原文是「at least it was a work of love」。這句話可以解讀成她們深愛著那一部作品，也可以說是兩人「愛的結晶」——據說愛德希娜與作者是一對同志情侶。

2 美國現代主義詩人，他特別將自己的名字開頭寫成小寫。

3 懷特在一九四六年出版散文集《野生菖蒲》（*The Wild Flag*），作者只是借用其標題而已。

4 國民計算機公司（*National Cash Register Company*）：美國的一家電腦公司，製造收銀機起家。

5 英國小說家、文藝評論家以及期刊編輯。

6 有趣的是，麥克阿蒙留的聯絡地址還是莎士比亞書店。

7 塞納河上的一個小島。

8 這是《芬尼根守靈記》的一部分，所謂到處都有小孩，指的是《芬尼根守靈記》的男主角韓佛瑞・秦普登・易爾威克（Humphrey Chimpden Earwicker）。文章標題「Haveth Childers Everywhere」三個字的第一個字母是H、C、E，就是男主角名字的縮寫。

9 古代愛爾蘭教士用手抄寫的新約聖經，內文部分有許多獨特的字體與彩繪圖飾。

10 沈姆與沈恩是《芬尼根守靈記》男女主角的兩個兒子。

11 羅馬尼亞裔的現代主義雕刻家。

12 所謂「石獸」是哥德式建築屋頂上常見的怪獸造型石雕，其實是用來排水的漏嘴。

13 這是來自巴黎塞納河船運業的古老傳統。

14 也是《芬尼根守靈記》的一部分。

15 這裡指的「巴黎時期」是一九二〇到三〇年代，這些流落海外的美國人（American expatriates）統稱「迷惘的一代」（the lost generation）。

16 法國詩人，一九六〇年的諾貝爾文學獎得主。

17 吉伯特是英國畫家、翻譯家，曾把很多法國文學作品翻成英文。

15 朱爾・侯曼與他的「夥伴們」

我開始接觸朱爾・侯曼，是透過閱讀戴斯蒙・麥卡錫（Desmond MacCarthy）與席尼・華特洛（Sydney Waterlow）翻譯的《小人物之死》（*La Mort de Quelqu'un*），當時大概是一九一四年，我在紐約的市立圖書館發現了那本讓我深深著迷的書。開始進入侯曼的世界後，我便很注意他的作品。儘管侯曼與喬伊斯兩人在很多地方都不太一樣，但還是有很多共通之處——這些共通點是他們在其他當代作家身上找不到的。

侯曼常常去愛德希娜的書店，為了向我表達友善之意，他也曾去我店裡。此外，每當被他寫進故事裡的那些「夥伴們」[1]要聚一聚的時候，他不只找愛德希娜去參加，連我也被邀請。那些夥伴們都是令人愉悅的人物：有一對夫妻檔都是教授，還有一個畫家，以及一位在如維（Jouvet）[2]的戲院裡工作的業務經理。他們都很有趣，但是侯曼才是「發動陰謀的人」——他總是有很多鬼點子，所以是真正的「元兇」。

我們輪流招待大家，但通常都是侯曼夫婦邀我們去他們家。有一段時間他們住在蒙馬特區的一處別墅裡——實際上應該說是莫尼勒蒙當地區，侯曼在那裡的關係很好。他們住在很靜僻的一條街上，那一帶的名聲不太好，因為有一群被稱為「阿帕契幫」（Apaches）的混混常常鬧事。侯曼養了一隻凶惡的獒犬幫他看門，就連他的賓客也都怕牠，混混更不敢接近。雖然如此，當時間漸漸變晚，我們坐在那裡聽到腳步聲，先是模糊然後越來越清楚，像是有人在亂動樓下的窗戶，發出吱吱嘎嘎的聲響。我只能祈禱，如果真是阿帕契幫的人，希望那隻狗在樓下就把他們解決掉，輪不到我們出力。

侯曼還帶著「夥伴們」去欣賞迷人的運河景緻，那都是在他故事裡出現過的。很少巴黎人懂得來欣賞這些具有荷蘭風味的運河碼頭，例如維列運河（La Villette）及聖馬旦運河（Canal St. Martin），甚至有人根本不知道它們的存在。從那次以後，我就常常去。

有次他約我們去「上帝巷」（Passage Dieu）附近的一家小酒館，他要我們外表要裝得兇狠一點——因為那一區的人都是這樣。當我和愛德希娜終於找到小酒館時，我們發現在吧台前喝紅酒的那一群人裡面，有幾個就是「夥伴們」。我們找不到侯曼，開始覺得他不會出現。但此時我們發現有個傢伙在外面閒逛，他用帽子遮住一邊眼睛，眼神曖昧地偷瞄我們。有人說那可能是侯曼，不過只是開玩笑。結果那個人走進來，果然就是侯曼，他的偽裝讓我們完全認不出他。

一個法國的莎翁迷

為了表達友善之意，法國作家喬治・杜伊阿梅勒（Georges Duhamel）曾數度造訪莎士比亞書店，這位法國莎翁迷對我們的店名特別有好感。他不但公開表示喜歡我的書店，他們夫妻倆還邀請我和愛德希娜去巴黎近郊的瓦勒蒙杜瓦市（Valmondois）共度一天，他們在那裡有一間房子。愛德希娜也是杜伊阿梅勒的出版商之一，而杜伊阿梅勒夫人就是戲劇界知名的布蘭雪・阿芭內（Blanche Albane）。當時雅克・科波（Jacques Copeau）組了一個「老鴿舍劇院戲團」（Vieux Colombier group），她是裡面最有天分的女演員。她是個特別迷人而優雅的女士，我喜歡聽她唸詩：即使是最偉大的演員來唸詩，有時還是會讓人失望，但她不會。

那天是瓦勒蒙杜瓦市的夏日，我們很高興看著杜伊阿梅勒在院子裡幫他們的第一個小孩貝納德（Bernard）洗澡。

尚・施律恩貝傑

尚・施律恩貝傑（Jean Schlumberger）是《幸福的男人》（*Un Homme Heureux*）的作者，是我和愛德希娜特別欽佩與喜愛的一位朋友。當我們在一九二七年用分期付款買下一輛雪鐵龍後，第一趟旅行就是開車去他位於諾曼地的家。他邀我們過去度週末，我答應幫他看看家裡那些英文小說，如果不值得收藏就該丟掉。

那鄉間房舍的建造者是施律恩貝傑的外曾祖父，有名的政治家與歷史學家基佐（Guizot）。莊園的景緻真是優美，他說那裡叫做布哈菲（Braffye）。施律恩貝傑就是在那裡長大的，他的小孩也是，他對那裡有很深的情感。然而不管是生活或工作，他都不是在那大房子，而喜歡在毗鄰的一個小屋裡。我們就是在那裡與他和他的兩個朋友共度週末——那兩人是夫妻，妻子負責照顧他的生活起居，也煮美味的菜餚給我們吃。跟我們作伴的還有一條母的臘腸狗：只要主人一聲令下，牠就會用後腳站立，讓我們看牠「背心上的鈕扣」[3]。當天我們就跟施律恩貝傑和臘腸狗一起坐在火堆前，熊熊火光裡燒著的是他自家種的樹，讓人心情好極了。

施律恩貝傑擔心大屋子裡的英語藏書沒有價值——他是對的。選擇那些書的人一定是女家教，布哈菲莊園裡世世代代的女孩子都是她們教的。

列昂－保羅・法格

詩人列昂－保羅・法格不會半句英文，但他也老是在我店裡晃來晃去。法格是法國文壇的奇人，他是一位幾乎可以媲美喬伊斯的「造字大師」，對文字非常狂熱，但是他有些最棒的創作都只出現在他說的話裡面，讀者在書裡是看不見的。愛德希娜的圖書館被他當成總部，每天下午他都去報到，身邊總是圍著一群他稱為「好傢伙」（les Potassons）[4]的人（他都這樣稱呼自己的朋友，我有幸也是其中一人），他們津津有味地聽他講那些「加料」的故事。可以想像他發明的那些字都是葷腥不忌的，還要加上一些不雅的手勢。而這一切都發生在那個圖書館裡——裡面都是一些良家婦女們帶著小女孩在挑書。拉爾博是他最忠實的聽眾之一，總是漲紅著臉咯咯笑，一邊發出拉爾博式的「喔！」。但法格的詩作卻是正經八百的——現在他的作品在書市上並不常見。

法格來我書店不是看書，他是想碰碰看能不能遇到他的「好傢伙」，到處去追他那些朋友已經變成他的習慣。有一次因為拉爾博不開門，法格乾脆弄了一道梯子爬上拉爾博的窗戶。拉爾博說，當時他在桌邊工作，突然看到法格從窗外盯著他瞧。法格是個夜貓子，他總在下午起床，接著就像個郵差似的，開始在他的管轄區內巡邏。

不管時間是早是晚，法格每天總會出現在愛德希娜的店裡。他所有的朋友，不管已經認識或第一次見面，都是在那裡，以及在他後來常去的伽里瑪（Gallimard）家裡，所凝聚起來的。他是「新法蘭西評論出版社」的創辦人之一，跟出版社老闆葛斯通·伽里瑪（Gaston Gallimard）是老同學了[5]。其他顧客都散去後，法格往往還賴在愛德希娜的書店不走，喋喋不休地傾吐他內心的苦悶，讓她關不了店門。

他與寡母住在一起，父親留了一間玻璃工廠給他，他們家一個老傭人就在裡面工作，另外還有一個工程師，他發明了一些製作玻璃的祕訣。工廠在東車站附近，法格說是火車的汽笛聲啟發了他的創作。他尊敬父親，而且也不忍割捨父親一手建立的工廠，但是讓他這個詩人來管理工廠，生意很快就一落千丈。當「新藝術」（art nouveau）的風格盛行之際，法格家族製造的玻璃很有名。富翁豪宅中的窗戶與瓶子都是用他們的彩色玻璃裝飾，反映出當時的品味。法格曾指著「美心餐廳」的窗戶告訴我，那就是他父親的傑作。有個工頭是從他父親時代就在的，他清楚製造祕方，工廠營運也都交給他。當偶爾若有訂單下來，他們就會再找兩個工人來幫忙。

愛德希娜的妹妹瑪西（Marie）一直在幫法格設計玻璃，有天我跟她一起去參觀工廠。他們忙著生產一些吊燈，就像在天花板上倒掛著有奇怪星座圖飾的湯盤。但事實上彩色玻璃是不透光的：燈可能不怎麼亮，也許這就是他們的獨創之處。這是法格突然想到要生產的，他希望能藉此振興事業，不然真的要關廠了。只要想到父親和那忠心的工頭，工廠即將不保這件事讓他很傷心。我們都希望能阻止它倒閉，我覺得是該做一點宣傳的時候了。當時《紐約時報》記者在我書店採訪，我問他們是否可以幫法格的工廠拍幾張照片。我有張照片是法格在工廠裡拍的，他正在向一群人展示手上那塊玻璃，那群人除了我之外，還有工頭以及女傭茱莉安娜（Julienne）。

吊燈的幾個樣品做好後，法格把它們裝上一輛計程車，配送到各個百貨公司；他說服了許多燈飾部門的主管下單訂購。我想他們都清楚法格父親的玻璃，也知道他會寫詩，很喜歡他的造訪。

法格常常受邀許多社交場合，但是他總會做一些考驗女主人的事，因為他一點時間概念也沒有，遲到對他來講是家常便飯。她們都不怪他，因為等他姍姍來遲後總是能取悅大家；甚至大家在等他的時候，每個人也都能說一兩個關於法格的故事，說都說不完。但是，有個故事足以嚇死任何宴會的女主人——有次他去參加一個晚宴，結果發現他遲到了兩週。

他總是坐計程車外出，每次都讓人等好幾個小時，等到司機進去找他為止。其中有個司機看到法格終於出來了，結果他又叫了另一輛計程車，完全忘記本來就有一輛在門口等他。

很多司機似乎都變成法格的朋友了，所以才能忍受他。有次法格下車時向我介紹車裡的司機，這司機不但是他的讀者，也有他的珍版書籍，上面有作者簽名。

法格總是向我們介紹他的新朋友：有個是靠瑞士乳酪賺大錢的，有陣子他還跟一個西班牙大公（grandee）混得很熟。還有一個成衣商，那姓名任誰聽過都不會忘記：嘉布希艾勒・拉東（Gabriel Latombe）[6]。還有就是埃及魔術師吉里・吉里（Gili Gili），他是個很有趣的人，每次他耍花招的時候，嘴裡都喊著「吉里，吉里」。

海蒙

海蒙‧莉諾西爾（Raymonde Linossier）是我最有趣的法國友人之一。我之前就提過，當我們要幫《尤利西斯》打字的時候，她幫我們處理〈賽琦女妖〉那一章。不久後，喬伊斯說：「我已經把海蒙寫進《尤利西斯》了。」

海蒙是被她知名的內科醫生父親悉心扶養長大的，她本來應該去離家不遠的法學院讀書，要不是她父親太忙，一定會發現她幾乎每天下午都待在劇院街七號，她不但是愛德希娜那群文友的一員，法格也把她當成最道地的「好傢伙」——她會出現的另一個地方是莎士比亞書店，有時幫我做事或為我打氣，有時則替我顧店。

像我這種為所欲為的美國女孩，實在很難理解海蒙為何要神神祕祕的。我真是不懂，既然她能去法庭那種龍蛇雜處的地方，而且她不但曾幫妓女辯護，也深諳妓女這一行，那為何不能被人看到她跟法格或喬伊斯這種人在一起？

海蒙的摯友是弗朗西‧埔朗。他們是青梅竹馬，兩人的品味與觀點都一樣。她把一半時間用在劇院街的詩人朋友身上，另一半則獻給了那群被稱為「六人小組」的音樂家朋友。她與音樂家達悉‧米堯（Darius Milhaud）與他妻子瑪德蓮（Madeleine）特別要好；他們夫妻倆也是我朋友，特別是瑪德蓮，所有美國作家的新書她都會讀。

海蒙不是我的顧客，因為她把有限的零用錢都用來買法文書。法格是她最喜歡的詩人，所有的書她都有，還包括他大部分的手稿。但是她對我店裡的活動一清二楚，她對兩間書店的興趣是不分軒輊的。她自己也是個作家，不過寫作當然是偷偷進行的，她寫了一本書《比比的自我主張》（*Bibi-la-Bibiste*）。書名頁上寫著作者是「不知名的姊妹們」（X Sisters），其實就是海蒙和她姊姊阿莉絲——現在大家都稱她為阿莉絲・莉諾西爾・阿赫端醫生（Dr. Alice Linossier Ardoin）。但是海蒙才是真正的作者，阿莉絲只是把零用錢拿出來印書而已，她們倆感情很好。

如果按照字面解釋，那本書的書名可以被翻譯成「一個人的自我及其主張」，書是獻給弗朗西・埔朗的。書是用大張紙印成的，包括書名頁只有十四頁，字數也不多。這本作品問世後轟動了一九一八年的文壇，當時我初次與海蒙相遇。龐德拿到書後把它寄給了《小評論》，後來它被發表在一九二〇年九月到十二月那一期，上面還留了一個「E・P」[7]寫的注釋，聲明它是一部傑作。他說，那本書的優點不亞於任何學術作品——它寫得清晰透徹，而且形式完美，開頭、中段與結論三部分井然有序。我覺得法國人不可能徹底奉行「自我主義」，特別是像海蒙那樣的人，怎麼可能？海蒙聲稱她要發起一種「自我主義運動」（Selfist Movement），我想起了梵樂希提到他有意建立一個「把自己當神」協會（Self-Godding Society），而英國則是老早就有了《自我主義者》。但是海蒙那麼謙遜與幽默，又怎麼可能是什麼「自我主義者」呢？我們這些了解她的人都知道，她有作家的天分跟氣質，如果能夠再叛逆一點就好了！在那充滿吊詭與詼諧的文字底下，掩藏的是一顆無私與溫暖的心。這種類型確實存在，但是畢竟少見——特別是像她那麼有天分的人。

音樂家艾瑞克・薩提（Erik Satie）是海蒙和我共同的朋友。也許是因為薩提家裡有一半是英國血統，所以他似乎也喜歡莎士比亞書店。他用法國腔的英文叫我「小姐」——我想他也只懂這一個字。他常常來店裡，而且不管雨天或晴天，總是帶著雨傘，沒有人看過他沒帶傘的樣子。像他這樣從郊區大老遠坐電車進城裡待一整天，或許真的該未雨綢繆吧！

看我動筆時，薩提問我會不會寫東西；我說會，但是我只寫商業書信。他說那是最棒的一種文字，因為好的商業書信內容都很明確，想說什麼就寫進去。我說，我就是這樣寫信的。

薩提和愛德希娜是好朋友。他的交響劇《蘇格拉底》（*Socrate*）第一次發表就是在她的書店裡。薩提跟法格本來也是摯友，但後來兩人卻大吵一架——我想只是因為一個名詩人和名音樂家之間發生了社交圈裡難免的誤會。事情的經過是這樣：在一次沙龍聚會中，某個儀式的主持人跟大家說某些歌曲是薩提寫的，但是忘記提到歌詞用的是法格的詩。這當然不是故意的，但是法格很生氣。一如往常，法格在一氣之下，絞盡腦汁，花了很多時間在日常的通信裡面用最惡毒的字眼羞辱薩提。而且他覺得從巴黎寄信還不夠，還特地跑到薩提居住的阿各怡・卡尚鎮（Arcueil-Cachan），從門底下塞進一張侮辱他的字條。即使是他這最後一招（他寫得離譜到我說不出口），也只是讓薩提一笑置之而已，因為他是個溫和而喜歡思考哲理的人，這點從他創作《蘇格拉底》就可看出。我想法格在這次之後也沒輒了。

最後海蒙投入了她一直很喜歡的東方研究，並在巴黎陳列東方文物的古伊梅博物館（Guimet Museum）找到一份差事，我們也就比較少看到她了。

直到阿莉絲嫁給阿赫端醫生結婚之前，她們姊妹倆住在一起。後來海蒙找到聖米榭碼頭（Quai Saint Michel）旁邊的一間小公寓，剛好是她喜歡的那一種。公寓裡的天花板很低，房間裡的書櫃上都是她最喜愛的詩人法格的珍版書與手稿。

我們只去過她的公寓一次，那是個溫暖的夏夜。她打開窗戶，我們愛極了那裡的塞納河景緻，聖母院的高塔以及高掛的明月，就在我們正前方。過沒多久海蒙就過世了，我們都好想念她。

譯注

1 侯曼曾在一九一三年發表一部小說叫做《夥伴們》（*Les Copains*）。

2 法國演員與製作人路易・如維（Louis Jouvet）。

3 指狗乳頭。

4 根據愛德希娜・摩妮耶的解釋，這個字的含意是：好人與有品味的人。

5 葛斯通・伽里瑪先與法格、紀德和施律恩貝傑於一九〇八年成立「新法蘭西評論出版社」，「伽里瑪出版社」是後來他自己的事業。

6 拉東（la tombe）是法文的「墳墓」。

7 E・P就是詩人龐德。

16　我們親愛的紀德

我說過紀德是我最早的圖書館會員之一，多年來一直是我的好友與支持者。有一年夏天我們去地中海岸的耶荷鎮（Hyères）度假，後來他也加入我們的行列。抵達後我們住進海灘邊的一家小旅館——我想是侯曼向我們推薦那裡的，他住在鎮上北邊的一棟高樓裡。我抬頭看到紀德在某個房間的窗邊，我就跟愛德希娜說：「紀德也來了！」她知道後很高興。

紀德喜歡那片海，也愛在裡面游泳。旅館前的那一片海水又蔚藍又溫暖，他就跟我們一起跳水游泳。我們很感謝他來找我們，那是他表現友誼的方式。他有個好朋友伊莉莎白・范惠索貝格（Elizabeth van Ruysselberghe）在這附近有間房子，也常來跟我們游泳。她父親是比利時畫家提奧・范惠索貝格（Théo van Ruysselberghe），也是紀德的老朋友。她是個俊秀而男孩子氣的女孩，從她道地的英文看來，一定是在英國讀過書。伊莉莎白還幫紀德生了一個女兒叫做凱特琳娜（Catherine）——不過那是後來的事了。

伊莉莎白很會游泳，至於我跟紀德，大概就是半斤八兩，一樣差吧。愛德希娜則是不會游泳，她只能穿著救生衣與救生圈，在靠近海岸的地方浮浮沉沉的。紀德划船載我到比較外海處，要我潛水，但是我沒有嘗試過，也不想在他面前出糗。他看著我從船尾跳下水，在海面上游了起來，他的評語是：「真遜！」

耶荷鎮在海灘北邊一哩處，有時侯曼會下來跟我們吃午餐。有時下著雨，我們必須待在室內，紀德就用旅館的鋼琴彈蕭邦的作品給我們聽，可惜鋼琴的音色頗受海邊空氣影響。他彈得很有感情，但他的琴藝畢竟比不上文筆。

如果天氣好的話，午餐後我們會坐在旅館前的露台，一邊喝咖啡一邊抽煙。紀德是個老煙槍。旅館老闆的兒子是個討厭的小鬼頭，總是想要爬上紀德的膝蓋，紀德似乎也喜歡逗他玩。有次紀德進城，他帶回一些他知道是去年冬天留下的過季巧克力，都已經走味了。紀德給小男孩一顆巧克力，他搶下後馬上一口塞進嘴巴，但又立刻吐了出來，紀德覺得很好玩。那孩子不斷吐口水，很生氣的樣子。紀德是很壞沒錯，但那小孩也夠討人厭的。

其實紀德心腸很好，如果有年輕作家在他門外求見，一定會被他邀進公寓共餐。但如果有麻煩事激怒他，他會馬上一走了之。他會為朋友做任何事，前提是不能想要綁死他。有時他也很殘忍，例如拉爾博就告訴我，有天本來他們約好要去義大利，但是紀德卻未出現在火車上。這種事總會讓拉爾博很難過。

大家都知道紀德曾經對電影很有興趣。在名導馬克・阿雷格黑（Marc Allégret）還未成名前，紀德為了跟他去剛果（Congo）收集他第一部電影的題材，還特別賣了許多書籌錢[1]。那電影由紀德寫劇本，阿雷格黑掌鏡，儘管是排除萬難才拍出來的非專業電影，當它在老鴿舍劇院上映時還是讓我們覺得很欽佩。紀德寫那本關於剛果的書儘管不受到官方歡迎，但他才不會在乎政府或大眾的意見。不管在蘇聯[2]，在殖民地或在國內，他愛說什麼就說什麼。

阿雷格黑是我的好友，他有一陣子常來書店。有次他帶了一隻小烏龜給我，說是紀德給的禮物。牠的名字好像是阿格拉埃（Aglaé）——我在某處得知美國作家卡爾・范韋克騰（Carl Van Vechten）也養了一隻同名的烏龜，所以阿格拉埃一定是很受歡迎的烏龜名。

關於這個烏龜的禮物，在模糊的印象中，紀德曾告訴我他跟同學曾用烏龜捉弄他的門房。他特准我把這故事寫進回憶錄裡。

門房在她的座位上養了一隻中型烏龜，當她轉身時，男孩們把烏龜換成一隻較大的。她沒有注意到差別，接著他們又持續掉換成更大隻的烏龜。他們聽到門房大叫她的寵物怎麼變那麼大隻，也納悶這烏龜到底會長多大。結果它「變成」很佔空間的大烏龜——不過烏龜後來不再長大了，因為他們走遍巴黎也找不到更大隻的。於是他們決定該讓烏龜變小了。讓門房驚慌失措的是，她又眼睜睜看著烏龜變小，最後小到只剩一個鈕扣那麼大。門房不久後就不見了，男孩們緊張地打聽消息，結果得知她休假去了。

吾友梵樂希

我很有幸認識保羅・梵樂希，最初也是在愛德希娜的圖書館跟他見面的。自己開店後，很高興的是他常常來店裡，坐在我身旁聊天說笑。梵樂希總是很愛說笑。

我還是個年輕學生時就讀過梵樂希寫的《年輕的命運女神》，當時我作夢也想不到有天他會親自為我在書上簽名，也想不到他會拿所有他寫的書來給我看。

我喜歡梵樂希，當時所有認識他的人，也跟我一樣。

梵樂希的駕臨讓店裡蓬蓽生輝，但也帶來很多歡樂。他常常用「梵樂希式」的英語跟我拿莎士比亞開玩笑。有次他拿著一本自己的作品，翻到〈鳳凰與烏龜〉（The Phoenix and the Turtle）那一章，問我：「雪維兒，妳知道這是什麼意思嗎？」我說不知道，他說這還算有意義的——如果跟詩人繆塞（Musset）寫的詩句相較。他說剛剛他去老鴿舍劇院聽了一場日間詩會，裡面朗誦了繆塞的作品說：「世上最美的歌曲是那些充滿絕望的歌曲。」梵樂希說這詩句對他來講實在不知所云，他說：「他們還敢說我寫的東西不知所云！」

梵樂希年輕時在倫敦曾發生一件事。當時每天都下雨，他在投宿的斗室裡過著寂寞而悲慘的生活，言下之意是當時他很窮。有天他決定要自殺，但是當他打開櫥櫃拿出左輪手槍之際，他撿起一本掉在地上的書並且拿起來讀。書是一個叫做秀爾（Scholl）的人寫的，書名他已經忘記了。那是一本很幽默的書，他把書從頭看到尾，覺得很好笑，等他看完時已經完全不想自殺了。真可惜他忘記了書名！我在任何書目裡面也找不到一個叫做秀爾的作家。

梵樂希有一種獨特的魅力，對人好的方式也很特別。儘管他常常出入的上流社交圈多的是諂媚他的人，人人喊他「親愛的大師」（Cher Maître），但是他一點也不為所動，對待每個人還是和藹可親。他總是很快樂——即使他說他差一點自殺，看起來還是那樣子。

他是個很棒的聊天對象，在文藝沙龍裡面是很受歡迎的角色，他也坦承很喜歡去那種聚會，但梵樂希絕不是個勢力眼的人。當我取笑他幹什麼去那種地方時，他說在寫作後去聽聽茶杯叮叮噹噹的碰撞聲還有吱吱喳喳的聊天聲，對他是有益的。他每天早上六點起床，自己煮咖啡喝，然後開始工作。他喜歡晨間的時刻，因為屋裡到處靜悄悄的。

有一次我取笑他說：「你又盛裝打扮，一定是去了沙龍。」他笑著把手指插進帽頂的一個大洞。他會提起某某王妃或公主，然後對我說：「妳認識她嗎，雪維兒？……但她可是個美國人啊！」我認識的王妃或公主沒幾個。我會問他：「可是我去沙龍要做什麼呢？」然後我們相顧大笑，因為我這德性是去不了沙龍的。

在二〇年代中期，梵樂希被選為法蘭西學院院士，在他朋友中他是第一個獲選的。當時大家覺得這是一件很乏味的事，他的作家同伴們都覺得他不該接受——但是輪到他們入選時，他們卻又一個個接受了。

每週四梵樂希都會出席學院的院會，他開玩笑說，為的是去領那一百法郎的車馬費，同時也因為學院離劇院街不遠。那天他總是會到書店來走一走。

我妹妹西普莉安有幸讓梵樂希畫一幅畫送她，不幸的是，畫無法保存下來——有天他來書店時西普莉安剛好在店裡，她穿著很短的裙子和及膝的長襪。梵樂希抓起一支鉛筆就開始在她膝蓋上畫了一個女人頭像，還在上面署名「P・V」。

布萊赫辦了一本評論期刊叫做《今日的生活與文學》（*Life and Letters Today*），她要梵樂希提供文章給她即將出版的「法國特輯」。梵樂希問我可不可以把他寫的那篇〈文學〉（Littérature）交出去，我覺得很恰當。這時候他提出一個很嚇人的請求：由我們一起把文章翻成英文。這實在是我的榮幸，但是我寧願把這機會禮讓給比較厲害的譯者。

但是梵樂希堅持要由我倆完成。他說如果我翻到一半卡住了，只要去維勒朱斯街（rue de Villejust）找他諮詢就可以了——現在那裡已經改名為保羅・梵樂希街了。不幸的是，每次我把他的話當真，跑去維勒朱斯街找他時，我發現不可能跟他合作翻譯。我會問他：「你這裡是什麼意思？」他裝作很仔細看文章的樣子，然後說：「我有可能是要說什麼呢？」

或者「我很確定我沒那樣寫過。」面對那篇文章，他還是一問三不知。最後他會建議我把那一段跳過去。在「我們」這個如此困難的差事裡，他真的很認真地跟我合作嗎？但至少跟他在一起是很快樂的事。結果譯者署名是「雪維兒・畢奇與作者」，而且他聲明，一切責任要由作者負擔。我知道自己脫不了干係：梵樂希這篇最迷人的作品是被他殺掉的，而我，是幫兇。

我一直很喜歡梵樂希夫人與她姊姊，就是畫家寶兒・高碧拉荷（Paule Gobillard），她們是畫家貝絲・摩西索（Berthe Morisot）的外甥女。她們在童年跟青少年時期就常當她的模特兒，從小就熟識許多印象派畫家。維勒朱斯街的公寓牆上掛著的都是珍貴的畫作，創作者包括竇加（Degas）、馬內（Manet）、莫內（Monet）、雷諾瓦（Renoir），當然還有貝絲・摩西索。

梵樂希的小兒子方斯瓦（François）是我的好友。在家裡一群黑髮的親戚裡面，他是唯一金髮的，不過他的妹妹阿格絲（Agathe）跟他一樣有湛藍雙眼（梵樂希的母親是義大利人）。他似乎覺得兒子的淺色頭髮很有趣，總是叫他「這個北歐好漢」。

「北歐好漢」常來我書店讀英詩，並且幫我補充最新的音樂資訊。他在美國作曲家娜迪雅・浦藍杰（Nadia Boulanger）的音樂學校學作曲，大多住校。他把零用錢都花在音樂會門票上，但是錢很有限——為了多弄一點錢，他還把老爸的留聲機唱片賣掉，恰巧梵樂希收集了很多唱片。而且奇怪的是，他喜歡華格納（Wagner）那種老式的音樂，而且他也承認自己就是喜歡——這方面跟喬伊斯不一樣。

我看著年輕的方斯瓦長大，他最後在巴黎大學（Sorbonne）完成了英國文學的畢業論文，而且他選的主題《戒指與證言》（*The Ring and the Book*）[3]，讓我很感興趣，這是他爸爸建議的。

在德國佔領法國期間，梵樂希在法蘭西學院主講詩歌，小小的演講廳擠滿了他的書迷。他的演講有時很難懂，講話的咬字不是很清楚，有時聽到一半會跟不上他。我想他那愛捉弄人的個性也喜歡這樣迷惑聽眾。在當時，沒有多少事情可以算是大事，他的演講倒是其中一件。

大戰期間有天梵樂希夫人邀請我去吃午餐。我們那一桌人還有畫家弗杭希・朱赫丹（Francis Jourdain）、寶兒・高碧拉荷小姐以及方斯瓦，幾乎還沒坐穩就聽見空襲警報聲響起。梵樂希跳起來從窗戶探頭看飛機越過巴黎上空，炸彈不斷落下。他們家人似乎對這行徑已經習以為常，方斯瓦說：「老爸愛死這些空襲了[4]。」

譯注

1 那是在一九二七年上映，一部叫做《剛果之旅》（*Voyage au Congo*）的電影。

2 紀德在三〇年代曾經去過蘇聯。

3 英國詩人布朗寧（Robert Browning）寫的敘事詩。

4 因為空襲的對象是德軍。

17 《流亡》與兩張唱片

喬伊斯唯一的戲劇作品《流亡》(*Exiles*)——至少是他唯一承認的劇作——是他給我找的頭幾個麻煩之一。

他才剛抵達巴黎，巴黎最有名的戲劇製作人呂涅波(Lugné-Poe)就捧著合約找上門，希望他能簽字授權，讓呂涅波自己擔任導演的「傑作劇院」(Théâtre de l'Oeuvre)演出《流亡》。

喬伊斯並不反對，而且他還很高興自己的作品能跟易卜生(Ibsen)沾上邊——該劇院每年都會有一季演出易卜生的戲碼，而易卜生正是喬伊斯十八歲時心目中的天神。而且呂涅波的妻子蘇桑娜・德佩(Susanne Depré)不但天分極高，而且以詮釋諾拉(Nora)這角色聞名[1]，他也很期待看到她飾演《流亡》裡的貝莎(Bertha)。

合約簽訂後，時間一天天過去，但再也沒有新消息從呂涅波那裡傳來，儘管當初他似乎真的很想製作這齣戲劇。同時，喬伊斯接到一位貝內特先生（Baernaert）的消息，說他和一位愛倫娜・杜巴絲奎爾夫人（Hélène du Pasquier）已經把他的《流亡》翻譯成法文，希望他能交由埃貝赫托（Hébertôt）執導，讓劇作在香榭麗舍劇院的輝煌舞台上演出。埃貝赫托打算承接《流亡》一劇的工作，但是他希望能先把呂涅波的問題解決。

喬伊斯請我去跟呂涅波見面，問他是否還要繼續下去，我們約好某天早上十一點鐘在他的劇院見面。結果我跟他在劇院側廳和走廊之間展開追逐，好不容易追到他時，我們兩人都已經氣喘噓噓，這才開始坐下討論《流亡》的事。

呂涅波說他很抱歉無法完成《流亡》一劇的製作，他非常想把它搬上傑作劇院的舞台，甚至還已經讓他的祕書兼編劇納當松（Natanson）把劇本翻譯出來了。他停頓了一下，我等他繼續講。他說：「妳看，我的問題是，我必須謀生，我必須考慮現今來看戲的人有什麼需求，他們不過是想要喜劇罷了。」我可以了解他的重點：喬伊斯的劇作一點也不好笑，但是，易卜生的作品不也是這樣？這就是莎士比亞厲害的地方，他給丑角很多插科打諢的空間。

顯然我勸不動呂涅波，不能讓他冒險推出《流亡》這部戲。我也聽到他的財務問題：問題到現在甚至更嚴重了。另一方面，任誰也不能期待喬伊斯把戲改成喧鬧的喜劇。當我把呂涅波的話轉述給喬伊斯時，他只說了一句：「早知道讓這部戲好笑一點，應該讓戲裡的理查裝上一根木腿的。」

結果呂涅波沒用《流亡》，而是製作了比利時劇作家費南・克隆林克（Fernand Crommelynck）的《一頂大綠帽》（*Le Cocu Magnifique*）。我想這部戲裡的主角跟「理查」是有一點點像，但是劇情妙趣橫生，傑作劇院裡笑聲不斷。《一頂大綠帽》連續上演了好幾個月。

這樣一來，已經沒什麼可以阻礙埃貝赫托了。他的劇院不管是音樂、芭蕾舞或者戲劇演出都是不容錯過的佳作——但是入場券也很貴，除非是像我這樣受邀進場的。我在劇院座位上看到一個小小的告示牌上面宣布即將上演的戲碼，我指著告訴喬伊斯，裡面有他的《流亡》。但是為了某個理由，貝赫托終究還是沒有讓《流亡》上演。

路易・如維（Louis Jouvet）所經營的「香榭麗舍喜劇院」（Comédie des Champs Elysées），是位於「香榭麗舍劇院」側廳的小戲院，他對喬伊斯的戲也有興趣。但是既然喬伊斯壓根兒不知道這件事，所以如維後來沒辦法把《流亡》搬上舞台，也不至於讓他失望。理查這角色可不是如維適合的，像侯曼的《納克醫生》（*Knock*），或者是莫里哀（Molière）的《唐璜》（*Don Juan*）或《偽君子塔吐伊夫》（*Le Tartuffe*）才是跟他比較搭調的戲碼。

不管怎樣，如維確實是取得了演出權。但是多年後，當有人要在法蘭西喜劇院

（Comédie-Française）把《流亡》搬上舞台時，如維為了成全喬伊斯而拋棄了他的演出權。他真是個好人。

喬伊斯給我看了一封科波寫來的信，他經營的是「老鴿舍劇院」——葛楚・史坦因女士都簡稱它為「老鴿子」（Old Doves）。從信中讀來，興致勃勃的科波似乎迫不及待地要把《流亡》搬上舞台。在喬伊斯的請求下，我盡我所能地飛快跑去老鴿舍，祈禱自己能在《流亡》一劇的布幕拉起之前趕到。科波非常誠懇，他不但表達自己對喬伊斯與其作品的敬意，而且向我保證《流亡》一定會是他推出的下一檔戲，甚至自己已經融入了戲中理查的角色。

我們對他的期待實在是合理的。他身邊有全法國最好的一批作家，他的觀眾也有很高的品味，再難懂的劇作他們也能忍受。我想科波對於理查這角色應該可以有入木三分的刻畫，並且把劇作的細節都傳達給他那些入戲的觀眾。是的，我覺得我們可以對他寄予厚望。

科波的友人都知道他是個熱中宗教的人，但是沒人料到他竟突然從劇壇隱退，搬到鄉間去過著沉思的生活！他的朋友們，特別是那些有劇本要拜託他演出的，對此感到難以置信。至少我很震驚，因為這件事就發生在我跟他當面洽談後，當時的他對《流亡》是那麼的滿腔熱忱。

下一個對劇本有興趣的是一位開朗而樂觀的金髮女士。她來跟我見面時全身大汗。喘了一陣子以後，她說她輕而易舉地把《流亡》翻譯成法文，而且她知道有幾個劇院已經準備好要把它搬上舞台，她會跟我保持聯絡。說完她就跑走了。

這個充滿活力的女士說她出身航空業，飛航是她的正事，閒暇時才有空忙戲劇。我很喜歡她在飛航的空檔來書店找我，也喜歡她用高瘦的字跡常常寫信給我。她在飛機場、書店和劇院之間穿梭來去，帶來的總是好消息。但是當她不再從我們身邊呼嘯而過，就此消失的時候，我跟喬伊斯一點也不意外。

就在二次世界大戰開打前，一位迷人的年輕女性開始常來我店裡。她是喬伊斯的同胞，她丈夫是具有法蘭西喜劇院會員資格的一位演員——簡稱「會員演員」（sociétaire）。喬伊斯的作品讓她感到特別有興趣，有天她說她很想把《流亡》搬上法蘭西喜劇院的舞台，她自己已經把劇本翻好了（結果我們又多了一個譯本！）。她一個朋友幫她進行改編，讓劇本可以在法國舞台上演，她覺得劇本一定會被採用，甚至她丈夫馬賽勒・德松（Marcel Dessonnes）已經開始在揣摩理查這個角色了。

這次似乎很有希望，滿腔熱忱的德松太太忙著牽線，還把她丈夫帶來，要他親口說自己有多仰慕《流亡》這部劇本，而且期盼著可以飾演理查。我受邀去觀賞他的許多其他演出，他確實是一個值得敬佩的藝術家。

最後，因為我覺得有些問題他們該當面和作者溝通，所以我就安排他們和喬伊斯在書店見面。

問題很容易就解決了。其中一個問題是喬伊斯是否贊成他們將劇本做必要的修改。他向德松太太保證自己不會干涉演出，因為那不是他該管的。她還提到吻戲的問題——她問喬伊斯是否可以由她來修改，因為法蘭西喜劇院的台下有許多小女孩。她還說有人跟她講過，巴黎觀眾是不會接受吻戲的。

喬伊斯覺得法國人對吻戲的反應很好笑，他還說她可以全權修改這部戲的任何地方。對於《流亡》能在法國第一流的劇院上演，我樂觀其成，看來是真的有希望了。喬伊斯也很高興，但是他不像我抱那麼高的期望。他預測這次演出一定又會被意外阻擋。

結果他說的意外是戰爭。最後《流亡》一直等到十五年後才在巴黎上演，時間已經是一九五四年。這次是由珍妮・布雷德利女士（Jenny Bradley）翻譯的，她譯得很棒，而且她說這是第一個完成的譯本。戲在格哈蒙劇院（Théâtre Gramont）上演，演得實在太棒，以至於我感到更加遺憾——喬伊斯沒辦法活著看到這一切[2]。

班・胡布許是出版《流亡》的美國出版商，他也在一九二五年欣賞了紐約的首演，地點在「鄰家劇院」（Neighborhood Playhouse）。他寄了一封信給這齣戲的製作人海倫・亞瑟（Helen Arthur），也給了我一份副本，信裡解釋了為什麼多年來沒有人能把這部戲跟觀眾湊在一起。胡布許先生把問題所在講得很透徹，他也很好心讓我引述他的說法。在稱讚鄰家劇院那場戲的製作與演出之後，他接著說：

> 在我看來，這種劇本最難上演之處在於，角色的想法與感覺要怎樣向觀眾傳達？對白又要如何才能帶出那些隱藏的想法，而又不至於犧牲那些精采的語言？而且，在塑造每個角色時必須考慮要讓觀眾聽他們說些什麼，讓觀眾有何想法，難度因而更高了。此外，觀眾要怎樣才能不完全透過語言而了解到每個角色對其他角色的看法，這更是難上加難。
>
> 在一晚的娛樂之外，又要表達出靈魂衝突所造成的危機，是很困難的任務——這論調聽來或許刺耳，但是大部分人在劇院中追求的確實是娛樂。特別是，像《流亡》這樣一部戲，有很多是要靠演員去揣摩詮釋的。我應該這樣想：真正的演員會喜歡喬伊斯筆下的角色，因為這是對他們的嚴厲考驗。這些角色不會讓他們輕鬆過關，如果不投入演出，就註定會失敗。

一九五五年我在巴黎廣播電台（Paris Radio）聽到《流亡》被改編為法語廣播劇的演出，結果非常精采。向聽眾進行介紹的是蕾內・拉露（René Lalou），理查則由皮耶・布朗夏赫（Pierre Blanchard）飾演，演出令人敬佩。

「ALP」

我們都簡稱安娜・莉維雅・普拉蓓爾（Anna Livia Plurabelle）為「ALP」，這位《芬尼根守靈記》（本來的書名是〈創作中的作品〉）裡的女主角曾帶給我一些麻煩。

溫罕・路易斯某次來巴黎時向喬伊斯提到他即將創辦一本新的評論期刊，用來接替之前的《新手》（*Tyro*）。他問喬伊斯是否可以盡快給他一篇新的東西，喬伊斯答應了。喬伊斯覺得這時機很恰當，而且路易斯的期刊也是適合刊登的地方，所以就讓他的女主角登場了。喬伊斯把東西稍加潤飾，弄好後由我打包寄給路易斯，然後自己就去了比利時。

路易斯沒說是否有收到文字，也沒再跟我們聯絡。人在布魯塞爾的喬伊斯等得不耐煩，又被眼疾困擾著，他不願讓一顆心繼續懸在那裡，於是用他最粗又最黑的鉛筆寫信給路易斯。他把信寄給我，要我另抄一份，再它當作是我的信寄給路易斯，我就照做了。結果「我的信」寄去後也如石沉大海，但我不久後就接到路易斯新編的評論期刊《敵人》的創刊號，喬伊斯的作品並未被刊登，原來的篇幅全部被路易斯拿來攻擊喬伊斯的新作品。

這些攻擊讓喬伊斯很受傷，也很失望自己錯失了一個機會，沒能向倫敦的讀者們介紹易爾威克家族的一員[3]。

下一個來跟喬伊斯「要人」的是一位叫做愛格・瑞克華（Edgell Rickward）的年輕

人。為了他的新評論期刊《行事曆》（*Calendar*），他寫信說要「誠心誠意地把篇幅留給這個世代最偉大的喬伊斯」。

我承諾給他「ALP」的稿子，但是特別囑咐他，必須要等艾略特的《判準》（*Criterion*）出刊之後，才輪到他刊登，因為照作品的順序來講，艾略特拿到的稿子是在比較前面的。瑞克華說自從他宣布要在創刊號上節錄刊登喬伊斯的作品之後，訂戶蜂擁而至，他會叫他們等待的。

《判準》出刊後我立刻把稿子郵寄出去，之後編輯為表達感謝而寄了一封很愉悅的回函，但繼之而來的是一封充滿尷尬與羞愧的來信。他說印刷廠不肯幫其中某一段製版，因為喬伊斯開頭的第一句是「穿著馬褲的兩個小男孩」，最後一句則是「紅著臉斜眼瞄她」。《行事曆》的編輯以極恭敬的口氣請求喬伊斯准許把這段文字拿掉[4]。

我很不情願地回覆他：喬伊斯先生對於其文章所造成的不便至感遺憾，但是文字的改變是他不能接受的，並希望瑞克華先生把稿件退還。

直到那時候為止，愛德希娜的《銀船》只刊登法文的文章，但是她立即邀請「ALP」能跟她一樣登上銀船。喬伊斯的新作就這樣獻出了它在法文期刊上的處女秀。

愛德希娜覺得「ALP」很有趣，而且當《新法蘭西評論》要刊登它時，她還幫忙做法文翻譯。大家都伸出援手，也真的幫了忙——包括喬伊斯自己。愛德希娜在她圖書館的一次讀書會中朗讀了翻譯稿，那是她第二次舉辦以喬伊斯為主題的讀書會。

喬伊斯急著要把「ＡＬＰ」介紹給美國的讀者們，我們一開始就設定了遠大的目標：希望《日晷》的編輯瑪莉安・摩爾覺得我們的女主角很迷人。

消息傳來，很高興《日晷》接受了投稿，結果卻發現這是一場誤會。稿子寄過去的時候剛好摩爾小姐不在，她回來後也不願意刊登。儘管《日晷》並未把我們退稿，但是他們說稿件要大幅刪減才能符合雜誌的要求。可是喬伊斯現在所考慮的只會是增加文字，要他刪減是不可能的。不過這件事我也不能怪《日晷》，如果他們不謹慎處理，最後他們的社址西十三街一百五十二號稿不好會被文章裡的河流給淹沒[5]。

「ＡＬＰ」無法在《日晷》上刊登讓我很遺憾，人還在比利時的喬伊斯則是一點也不意外。他說：「當時妳怎麼不跟我打賭呢？不然我就可以贏點賭注。」不過他還說他遺憾的是不能做一些「戰略性的宣傳」——對他而言，出版《芬尼根守靈記》就像是打仗似的。

兩張唱片

我在一九二四年找上「牠主人的聲音唱片公司」（His Master's Voice）[6]的巴黎辦公室，問他們是否肯錄製喬伊斯朗誦的有聲版《尤利西斯》。他們帶我去找當時負責音樂唱片的皮耶羅・科波拉（Piero Coppola），結果開出的條件是：如果我付錢，他們就可以幫忙錄製唱片，而且唱片上不會打上他們的商標，也不會列為公司唱片目錄裡的作品。

英國已經有人幫一些作家製作唱片了，至於法國則可以追溯到一九一三年。詩人紀容・阿波利奈赫（Guillaume Apollinaire）製作的幾張唱片，早已被保留在人聲博物館（Musée de la Parole）的檔案裡。但是科波拉說當時市場上所需要的只有音樂。我同意公司提出的條件：三十張唱片送到後我會付款。這就是整件事的經過。

喬伊斯本身則急著想要錄音，但是那天我叫計程車帶他去錄音室，地方在離城裡很遠的畢朗庫赫鎮（Billancourt），他不但眼疾發作，而且緊張得要死。所幸他跟科波拉很快就相談甚歡，突然用義大利文開始聊起了音樂。但是錄音過程對喬伊斯簡直就是一場災難，第一次錄音失敗了。後來我們再回去重錄，他的表現很好，我每次聆聽都大受感動。

喬伊斯挑來唸的是《尤利西斯》的第七章，〈風神埃奧洛〉（Aeolus），他說那是唯一可以從《尤利西斯》裡面獨立出來的章節，也是唯一「寫給雄辯家來唸的」，所以適合朗誦。他說他已經決定，就朗誦這麼一次《尤利西斯》。

我覺得他不光是因為適合朗誦而挑選〈風神埃奧洛〉，我相信那代表他想要講的話，所以只把他的聲音留給這一章。聽錄音的成果，「他大膽把嗓音高高揚起」[7]，那感覺跟演講截然不同。

我朋友奧格登（C. K. Ogden）[8]說《尤利西斯》的錄音很糟。常常有人來我店裡要買奧格登與英國學者I・A・理查茲合寫的《意義的意義為何》（*The Meaning of Meaning*）。我也販賣奧格登一些關於「基本英語」的小書，有時也會和這個為英語設計束身衣[9]的人見面。當時他也在幫蕭伯納等作家錄音，地點是劍橋大學的「正語學會」（Orthological Society）的錄音室；我猜他的興趣主要是為了跟作家進行語言的實驗（蕭伯納支持奧格登的看法，他們都覺得既存的辭彙都已經多到用不完了，喬伊斯為何還要發明更多的字）。讓奧格登先生自豪的是，在他劍橋大學的錄音室裡面，有兩台全世界最大的錄音機，他要我送喬伊斯去那裡做一次正式的錄音，於是他就在那裡錄了〈安娜・莉維雅・普拉蓓爾〉。

所以我把他們倆湊在一堆：喬伊斯要做的是顛覆英語，擴展英語的可能性，而奧格登則是把英語濃縮到只剩五百個字彙。他們可以說反其道而行，但卻還是難免會覺得對方的概念很有趣。如果只靠五、六百個字寫作，喬伊斯可能會被搞瘋，但是當奧格登把〈安娜・莉維雅・普拉蓓爾〉用「基本英語」的方式改寫，投稿到《心理學》（*Psyche*）期刊之後，那成果讓他覺得很有趣。我覺得經過奧格登的翻譯之後，作品的美感盡失，但是除了奧格登與理查茲之外，我再也沒有看過有人跟喬伊斯一樣，對英語抱持那麼強烈的興趣。所以當黑日出版社將〈沈姆與沈恩的兩則故事〉以單行本的形式出版後，我建議他們找奧格登來寫序。

「ALP」的錄音是多麼美啊！這位愛爾蘭洗衣婦的方言經過喬伊斯改造後，是多麼的有趣啊！我們必須把這篇文字寶藏獻給奧格登與他的「基本英語」。喬伊斯的記憶力驚人，他一定不用看稿也可以錄音——但在某處他結巴了，所以跟《尤利西斯》一樣必須重錄。

奧格登把第一、二次的錄音都交給了我。喬伊斯給我幾大張紙，紙上是奧格登用超大字體印的「ALP」字樣，如此一來喬伊斯可以輕鬆看到——當時他的視力越來越差了。我不知道奧格登去哪裡弄來那麼大的字體，後來我朋友毛希斯・沙雷（Maurice Saillet）仔細檢視後，發現他是把書上面的字拍攝後再放大。「ALP」的錄音使用了唱片的兩面，而《尤利西斯》則只用了一面。喬伊斯只同意幫《尤利西斯》錄製那麼一張唱片。

我實在很後悔，因為自己忽略了錄音作品相關的細節，所以我沒能好好保存錄音的「母帶」。有人說這種錄音作品有特定的保存方式，但是那珍貴的「母帶」最終還是壞了。當時的錄音方式還是挺粗糙的，至少巴黎的「牠主人的聲音唱片公司」錄出來的東西是這樣。奧格登說的對，《尤利西斯》的錄音嚴格來講並不成功。不管怎樣，那是喬伊斯唯一錄製的《尤利西斯》唱片，兩張裡面我比較喜歡這張。

錄製《尤利西斯》的唱片並不是想要營利，那三十張唱片我大多交給喬伊斯，由他分送給親友，直到多年後我才因為經濟拮据而以高價賣出自己保留的一兩張唱片。

「牠主人的聲音唱片公司」易手後，我曾回去找他們巴黎辦公室的專家，也找了英國國家廣播公司（BBC）的專家，他們的說法讓我感到很失望，也放棄要重新壓製唱片的念頭。我讓英國國家廣播公司複製我手上最後一張的《尤利西斯》唱片，讓他們在詩人羅傑斯（W. R. Rodgers）主持的喬伊斯節目中播放（我與愛德希娜都參與了這節目的製作）。

如果任何人想聽那張《尤利西斯》唱片，都可以去巴黎的人聲博物館複製唱片——這主意是我那位來自加州的朋友菲利雅斯・拉蘭（Philias Lalanne）所建議的。喬伊斯的朗讀聲就如此被保留了下來，一如其他幾位偉大法國作家的聲音。

譯注

1 易卜生的《玩偶之家》（*A Doll's House*）裡的女主角。

2 喬伊斯在一九四〇年底德軍佔領法國前夕就逃往蘇黎世，結果於一九四一年一月病逝。

3 《芬尼根守靈記》的男主角是易爾威克家族的家長。

4 根據當時的法令，如果出版品涉及猥褻或性暗示，印刷廠也有罪。

5 西十三街一百五十二號是《日晷》在紐約的地址。「ALP」是《芬尼根守靈記》的女主角，喬伊斯最後讓她化身為流經都柏林市的利菲河（River Liffey）。因為喬伊斯在作品中講了很多關於「母性象徵」的情節，所以可能會讓政府當局有意見，《日晷》也會惹禍上身，就像被淹沒一樣。

6 所謂「牠主人」，是指一隻狗的主人；這英國唱片公司的商標就是一隻狗在聽留聲機的聲音，商標本來是一幅畫，後來才成為商標。

7 語出《尤利西斯》。

8 英國作家、語言學家。

9 「基本英語」（Basic English）是奧格登發明的一種使用英語的方式，提倡簡易的用字與文法，作者比喻那就好像讓英語穿上了束身衣。

18 海盜版

《一首詩一便士》

我在一九二七年出版了《一首詩一便士》。

喬伊斯偶爾會寫詩，而且我相信寫完的東西他通常是「隨手一丟」。有些東西被他留了起來，於是一九二七年時他帶了十三首作品來找我，問我想不想出版，還說「買一打，送一個」，總價一先令，就像都柏林利菲河橋上賣蘋果的老婦人做生意的方式一樣。他說這本書集叫做《一首詩一便士》，而且他覺得它就只值那麼多，至於為什麼詩這個字要寫成「Pomes」，當然是因為它跟法文的「Pommes」（蘋果）形音都很相似，這又是一個文字遊戲。他希望詩集封面必須和卡勒城（Calville）的綠蘋果顏色一模一樣——一種非常細緻的蘋果綠——由此可見喬伊斯的辨色能力並未受到眼疾影響。

我去找在巴黎營業的英國印刷商赫伯特・克拉克（Herbert Clarke）幫忙，他有一些挺漂亮的字體。我向他解釋：作者希望印一本看來很廉價的小冊子，一本賣一先令。結果他不甘願地印出一小本綠色冊子，看來很糟糕。他說看起來像「賣藥的」，而且喬伊斯本人儘管還是有可能堅持原來的構想，但後悔是難免的。至於我，我怎能忍受自己出版這樣一本「醜八怪」？而且我也喜歡這些詩，希望它們能有個體面的模樣。

克拉克說如果不用一般的紙當封面，他可以用硬紙做出比較好的成品，如此一來因為成本考量，我就不能賣一先令了——依照一九二七年的匯率，一先令換算出來是六點五法郎。我訂購了硬紙板，但是為了遷就書名，價格還是維持一先令[1]。結果印出了一本漂亮的小書，我為喬伊斯及他的朋友印了十三本比較大本的書，上面有他的親筆簽名——不是全名，只簽了J・J兩個字母。

喬伊斯不只希望詩集能以低價出售，其他作品也應比照這模式，如此一來真正願意讀他作品的人才買得起。但是出版商幫他出書時通常都要使用特定的方式，而且是不記代價地出版。如果他曾注意過我們的問題，我們就會比較好做事。但是他不管那麼多——結果我們只有兩種選擇：或者我們可以躲得遠遠的，讓他不要插手；又或者我們可以百依百順，如此一來出書會變得比較有趣，但那都是用錢換來的。

那十三本書由喬伊斯送給了：S・B（第一本）[2]、哈莉葉・薇佛（第二本）、英國作家亞瑟・西蒙斯（Arthur Symons，第三本）、拉爾博（第四本）、喬喬（第五本）、露西亞（第六本）、愛德希娜（第七本）、克勞德・賽克斯（Claude Sykes，第八本）[3]、麥克賴許（第九本）、尤金・裘拉斯（第十本）、艾略特・保羅（第十一本）、美國畫家麥隆・納汀的太太（Mrs. Myron Nutting，第十二本），最後一本留給了自己。

喬伊斯稱呼這本小詩集為「PP」，相較於《尤利西斯》，它的出版過程容易多了。後來倫敦的「詩歌書屋出版社」（Poetry Bookshop）也欣然出版了它。但是我覺得整體而言，喬伊斯的讀者在看到他寫出這種中規中矩的小品後，莫不感到錯愕。它不是一本「偉大的詩集」——誰說它應該是呢？喬伊斯知道自己在詩歌方面的天賦有限，他也問我是不是覺得他在散文方面表現比較好。對他而言，葉慈才是偉大的詩人，他不但老是唸葉慈的詩給我聽，還勸我變成他的詩迷——但恐怕他是白費唇舌了，因為我比較有興趣的是梵樂希、聖瓊・佩斯、昂西・米修，當然也少不了瑪莉安・摩爾與艾略特。

喬伊斯那些小詩之所以吸引我，跟其他作品吸引我的道理是一樣的：它們都有一種神奇的魅力，一種看到文字就好像作者在你眼前的奇怪感受。在這些詩裡面，特別讓我感動的是〈方塔納海灘上〉（On the Beach at Fontana）以及〈祈禱〉（A Prayer）。

有十三位音樂家將這十三首詩和自己的樂曲搭配在一起，而且牛津大學出版社為了表達對喬伊斯的敬意，還把這些樂曲出版成冊，這件事讓他非常高興。這本書在一九三二年的聖派崔克節前夕（St. Patrick's Eve）[4]出版，書裡面有奧古斯特・約翰（Augustus John）

畫的喬伊斯肖像，由愛爾蘭音樂家赫伯特・休斯（Herbert Hughes）寫的編者附註，序與跋則分別出自詹姆斯・史帝芬斯（James Stephens）[5]與亞瑟・西蒙斯的手筆——一個有趣的巧合是，負責印刷的出版社就叫做「雪維兒的出版社」（Sylvan Press）。這本獻給喬伊斯的書讓他非常高興，我很少看到有什麼事物能引起他這麼大的喜悅。我想除了喬伊斯之外，很多作家偶爾也會見到這種獻給他們的書，但是或許只有他曾獲得音樂家們的獻禮。跟其他同行一樣，他也痛恨被批評，被批評的那種感覺就像童謠裡面說的：「像心裡被插了一把小刀。」有一件讓喬伊斯的內心嚴重受創的事，是龐德在收到《一首詩一便士》的小冊子後，居然不屑一顧地說：「那種詩還是寫在家庭聖經裡的空白頁就好。」

《一首詩一便士》出版後不久，亞瑟・西蒙斯到書店去了一趟，我打電話給喬伊斯，他一聽到西蒙斯在，跟我說他馬上就到。當《室內樂》問世的時候，西蒙斯曾在文章中稱讚他，這件事讓喬伊斯一直忘不了。

亞瑟・西蒙斯在一次精神崩潰之後，來到歐洲大陸度假，他身邊跟著一位看起來很好心的男士，留著鬍子——那還會有誰？他就是哈渥洛克・靄理士醫生（Havelock Ellis）。這一對旅行伴侶看來實在很不搭調：西蒙斯是蒼白而弱不禁風的詩人，那膚色就像打了粉底；而靄理士醫生的臉看起來像個摩門執事，偏偏又寫了一堆性學專書，啟發我們整個世代的性意識，解決了長久困擾著人們的問題。我和靄理士醫生之間的交情最初是建立在生意上的往來，我是《性心理學》（*The Psychology of Sex*）這本刊物在巴黎的代理商。

有天靄理士醫生和西蒙斯來店裡帶我去吃午餐。坐在這兩個高尚人士中間吃午餐，那經驗真是再奇怪不過了——西蒙斯是個享樂主義者，因為他選對了佳餚美酒，服務生及侍酒師都對他敬重有加，靄理士醫生則說他只要蔬菜，不要酒，水就好，服務生花了很久時間才幫他弄到這些東西。至於我點的東西，是他們兩個極端之間的折衷選擇。

講話的人都是西蒙斯，靄理士醫生和我都沒有插嘴的餘地——說真的也不想插嘴。我是那種沒有辦法同時專心吃飯與講話的人。如果東西好吃，我就只能顧著吃東西；如果要聊天，不管是聊生意或藝術，一旦投入其中，我哪有可能享用美食？我發現法國人在餐桌上不討論任何事，除非講的是食物，只有在第二輪食物吃完之後才能顧及其他東西。

西蒙斯先談的是他很有興趣的喬伊斯，接著是他在旅途中丟掉的兩雙鞋，他說他開著車在法國南部旅行的時候，鞋從車的後面掉出去了。

除了喬伊斯之外，布萊克是我們的共同話題。差別在於，西蒙斯是研究布萊克的權威，而我只是個詩迷而已。他在書店裡檢視我從艾爾金・馬修斯那裡買來的兩幅畫，宣稱它們是布萊克的真跡，而且是為了詩人布萊爾（Blair）[6]的詩作《墓園》（*The Grave*）而作的插畫。他說它們是布萊克的佳作，我有幸能獲得它們。以悲劇結束自己生命的愛爾蘭作家戴洛・費吉斯（Darrell Figgis）也是一位布萊克專家，他在看過這兩幅畫之後，也說它們無疑是布萊克的真跡。

《我們眼裡的〈創作中的作品〉》

我第三本與喬伊斯有關的出版品（也是最後一本），是在一九二九年出版的。那本書的書名好長好長：《我們眼裡的〈創作中的作品〉：作者如何讓它從無到有，化為事實》（*Our Exagmination Round His Factification for Incamination of Work in Progress*）。後來幾次再版時，書名一再被縮短。

這標題當然是喬伊斯想出來的，而且有可能也是他之前擱置不用的。這本書裡面有十二個作家寫的十二篇關於其新出版的〈創作中的作品〉的研究，那些作家包括：薩姆爾・貝克特、法國作家馬賽勒・布希翁（Marcel Brion）、法蘭克・布根、史都華・吉伯特、尤金・裘拉斯、祕魯作家維克特・洛那（Victor Llona）、勞勃・麥克阿蒙、愛爾蘭詩人湯瑪斯・麥克葛里維（Thomas McGreevy）、艾略特・保羅、約翰・洛克、勞勃・賽吉，還有威廉・卡洛斯・威廉斯。這些作家都是從一開始就看著〈創作中的作品〉成長的，每個人都從自己的角度進行評論，但是對於喬伊斯的創新都一致表示欣賞與欽佩。

喬伊斯覺得裡面該擺一篇罵他的文章，但這在我們身邊可不容易找到，因為我認識的人都強烈支持這部作品。但是，我聽說我的顧客中有一位女記者曾表達強烈反對喬伊斯新的寫作技巧，因此我問她是否願意寫篇文章，在倉卒之間我跟她說，她想怎麼寫就怎麼寫。那位女士寫的文章篇名是〈一位普通讀者的意見〉（Writes a Common Reader），結果署名「G．V．L．史林史比」（G. V. L. Slingsby）的她，把喬伊斯批得體無完膚——那名字的出處是英國詩人李爾的〈海上冒險〉（The Jumblies）這首童詩[7]。我必須說，即使把它當成一篇批評，它也寫得不是很好，更別說文章內容好不好了。

大約在此時，郵差送來一封看來很好笑的大信封，上面署名「瓦拉狄米爾．狄克森」，後面留的地址是「由布蘭塔諾書店（Brentano's）轉交」——這當然是喬伊斯的手段，聰明中帶著滑稽，而且他覺得這樣很好玩，因為我一定會拜託來信的那傢伙讓我把信放進那本書裡。結果這篇「被丟掉的信」（Litter）就這樣擺進去成為第十四篇評論。

就我所知，我從未有榮幸與狄克森先生見面，但是我懷疑他就是「菌母絲．翹一死先生」他自己。那封信的筆跡跟喬伊斯有一兩處相似之處，但我的猜測也有可能是錯的。

喬伊斯總是渴望能與別人分享他的想法，這大概是做老師的職業病吧！他就是把《我們眼裡的〈創作中的作品〉》當成一個思想的出口，而他不但喜歡引導他的讀者，更喜歡誤導他們。

我沒有寫文章擺進《我們眼裡的〈創作中的作品〉》，而是幫它設計封面：我把書名排成圓圈，十二個作者的名字變成十二道連接圓與圓心的線。這構想是來自《天文學：一九二八年》（*Astronomy-1928*）裡面的一張紙——這本書可能是一本年刊，是從紐澤西布蘭奇維爾（Branchville）寄給我的，寄件人是一位叫做貝斯（W. L. Bass）的人。那張紙上面有鐘面的圖案，於是我想到用十二個作者去替換十二個刻度。

艾略特向我建議這書的出版可以給法柏出版社（Faber and Faber），而且我想這確實是最好的事：接下來可能連《芬尼根守靈記》都可以交給他們出版。

〈創作中的作品〉剛剛開始陸續發表的時候，喬伊斯希望最後還是由我出版它的完整版，但是喬伊斯和書店的事已經開始讓我感到力不從心，而且我的財務狀況也不容許我繼續幫助他了。想到薇佛小姐和艾略特可以接手出版《芬尼根守靈記》，著實讓我鬆了一口氣。

海盜版

我後來才知道，喬伊斯第一本被盜版的書竟然是他那本有關巴涅爾（Parnell）[8]的小冊子——而且當時他才九歲——但我一點也不訝異。我第一次知道喬伊斯的書被盜印，是一九一八年有人在波士頓偷印了他的《室內樂》。盜版氾濫的情況發生在一九二六年；多年後，蘭登書屋出版社（Random House）才把公道還給了作者。

《尤利西斯》在美國並未受到著作權的保護。獲得著作權的前提是，書籍必須在美國境內製版印刷，既然它是本禁書，那根本就不可能。當然，任何商譽卓著的出版商都不會乘機佔喬伊斯和其它無數歐洲作家的便宜，但是那些趁火打劫的人還是偷偷幹壞事。

各大英美的週刊在一九二六年刊登了一篇全版廣告，聲稱《尤利西斯》將會被轉載在一本叫做《兩個世界》（*Two Worlds*）[9]的雜誌，而且喬伊斯還有一篇匿名的新作會出現在另一本叫做《兩個世界季刊》（*Two Worlds Quarterly*）的雜誌中，編者都是山謬・羅斯（Samuel Roth）。他還有另一本期刊叫做《美的》（*Beau*），則是要刊載艾略特的作品。廣告還說在這些期刊上面投稿的作者，全部都是當時最好的作者——言下之意，不買的人實在虧大了。

未經同意就被刊出作品的作者們都很氣這個山謬・羅斯。和喬伊斯一樣，艾略特也是個很生氣的受害者，因為《美的》創刊號根本就是「艾略特專輯」。他立刻寫信給我，表示要加入我們向山謬・羅斯抗議的行列，而且他與我也都寫了公開信刊載在各大報以及雜誌上。接著開始有人用書本的形式盜版了《尤利西斯》。儘管盜版書籍上面印有莎士比亞書店及印刷廠的名稱，但是熟悉原書的人都可以輕易分辨出來，因為文字都被改變了，而且用紙跟字體也都不一樣。就這樣，接下來數年內，無數盜版書商從作者的口袋裡掏走了大把鈔票——而這位作者不但長久以來的心血被剽竊，視力的犧牲也都白費了，更別說他的財務問題越來越嚴重。

有個來自美國中西部的售書同業告訴我，這些「私書商」（bookleggers）[10]是怎樣把貨賣給書店的。一輛卡車來到書店門口，每次都是由不同司機駕駛，然後問書店需要多少本《尤利西斯》或是《查泰萊夫人的情人》。這些「私書商」可以用五塊美金購入十本或甚至更多的書，然後以十塊的價錢賣出。司機把書丟了就跑。

喬伊斯覺得我該回美國去一趟，設法阻止盜版。但是我不能放著莎士比亞書店不顧，而且阻止這種事的唯一方法就是在美國正式出版。但是我的確認為我們該盡一切努力呼籲大眾注意這個現象。我們跟在巴黎的朋友商量過後，決定要發起一個抗議活動，要所有我們可以聯絡得到的作者連署聲明，並且發布到全世界各大媒體上。

抗議聲明是由路德維希・盧維松所寫，為了確保其具有法律效力，由麥克賴許進行修正。我將聲明複製，每個我認識的人不僅都簽了，還幫我去弄更多的簽名。除了當時在巴黎的作家，我覺得我們該找全歐洲的作家簽名，包括英、德、奧、義、西以及北歐各國。喬伊斯特別急著想拿到北歐各國作家的簽名，而且似乎覺得如果我沒有找到挪威詩人歐拉夫・布爾（Olaf Bull），這事情就前功盡棄了——結果在喬伊斯的丹麥文老師的幫助之下，我真的找到了。雖然喬伊斯跟所有人都提供建議給我，但是我要說大部分的連署者都是我找來的——包括那些法蘭西學院院士。我花了很多時間查詢地址，而且信幾乎寄到每個作者的手上。很多人寄了有趣的回信給我，很多連署者也是海盜版的受害者，因此有很深感觸。回信如雪片般飛來，喬伊斯坐在我身後看我處理信件，對於其他作家同伴的誠摯熱情，這位禁書作家覺得非常感激。

抗議的聲明在各大報還有許多評論期刊與雜誌中出現，《人文主義者》（*Humanist*）這份期刊做了一整頁的報導，並且把部分作家的簽名擺了上去。在編輯的要求之下，我要巴黎的印刷廠複製他所指定的部分簽名，而且我還有一整盒的連署書沒有用到。因為誤植的關係，「來自法蘭西院士的簽名」這幾個字本來要擺在某位院士的簽名後面（簽名的院士有好幾位），結果卻擺到了海明威的名字後面。但是沒有人提出抗議。

山謬・羅斯對於抗議行動很生氣，他指控「喬伊斯的祕書雪維兒・畢奇那個邪惡的潑婦」，居然把一些死掉的作家也擺在連署者裡面。這其實是他自己才做得出來的勾當，我可沒犯這種錯。我存檔的那些來信可以證明每一個簽名都是本人簽的，但是我得承認，有一兩個連署者在簽名時確實已經過於老邁或身染沉痾，不久後就去世了。唯一不願連署的是龐德——但這就是他的作風。

儘管我努力奔走，《尤利西斯》還是持續被人拿來賺取暴利。

有次我在紐約史坦頓島（Staten Island）上曾看過一則廣告，宣稱「讓府上的害蟲，藥到命除」——我跟喬伊斯真的該聘請他們來做「殺蟲」的工作。不斷有人用喬伊斯的許多作品牟利，喬伊斯只能被盜版欺壓，束手無策。他們總宣稱自己對喬伊斯「崇拜得五體投地」，結果是用盜版來證明自己的崇敬之心。甚至遠在日本都有「崇拜」喬伊斯的人，居然從東京寄了四大冊厚厚的《尤利西斯》給我，而且還附著出版者的問候語！每當我抗議有人盜版時，總是有人批評我貪得無饜。

有個中西部的年輕出版商就像摧殘雛菊一樣對待《一首詩一便士》，他急著要把書出版，顧不得還沒獲得作者或者我的同意。我才剛剛出版後，就聽到一則令人不安的訊息——有個喜歡這些詩的人跟我說，馬上有人要在克利夫蘭出版這本詩集。為了率先取得政府的著作權保護，我要我父親在普林斯頓大學搶先出版這本書，並且至少印足夠的數量以便登記著作權。但是未經授權的版本可能還是搶在我們前頭，而且這些盜版書通常宣稱它們是「非賣品」。作者賣出了這麼多書，卻連半便士都拿不到，豈不是要把書名改成《一首詩零便士》（*Pomes Penylesseach*）？

譯注

1 根據英國舊幣制（一九七一年未進行幣值十進位之前），一英鎊等於二十先令；而一先令又等於十二便士，所以十二首詩才會賣一先令（等於十二便士），然後又加送一首。

2 當然是作者 Sylvia Beach 自己。

3 喬伊斯曾在蘇黎世成立一間叫做「英語演員」（English Player）的戲劇公司，賽克斯是他公司裡的夥伴。

4 聖派崔克是愛爾蘭的守護聖人，聖派崔克節在愛爾蘭是大日子。

5 愛爾蘭人小說家與詩人。

6 英國詩人勞勃・布萊爾（Robert Blair）。

7 其實出處應該是英國詩人李爾（Edward Lear）的另一部作品〈環遊世界的四個小孩〉（The Story of the Four Little Children Who Went Round the World）。

8 巴涅爾（C. S. Parnell）：愛爾蘭民族運動領袖，是喬伊斯之父長期支持的人。那小冊子其實是一篇詩作，是喬伊斯的父親出錢幫他印的。

9 有一本有名的法國評論期刊也是以《兩個世界評論期刊》（*Revue des Deux Mondes*）為名。

10 當時是美國禁酒的時代（一九二〇年到三〇年代初期），所以出現了「私酒商」（bootleggers）這個字；作者改了其中一個字母，變成了販售盜版書籍的「私書商」（bookleggers）。

19 《芬尼根守靈記》

我不知道喬伊斯何時開始構思《芬尼根守靈記》，但是，既然他從未停止創作，我想布魯姆先生應該是在《尤利西斯》完成的隔天，就被易爾威克先生給篡位了。《尤利西斯》一交稿後，他就對這本書失去了興趣，可能轉而把他當成一筆個人投資，而且他希望別人跟他講話時不要再繞著《尤利西斯》打轉。他喜歡討論自己的新作，而我也一步一步地跟上進度，發現自己對於易爾威克先生那一大家子的興趣，並不遜於尤利西斯裡面的角色。我們在討論時，他一邊用符號、圖畫和字母向我解釋，我發覺他的想法都很吸引人，其中妙趣橫生，並且相信當他寫完之際，我已經對那本書非常熟悉，也習慣了他寫作的方式——我說那是一種「層層堆疊」的寫法，跟一般人平面式的寫作技巧不同[1]。他覺得一般用來描述一個人的方式只能寫出他的一個面向，其他部分都被排除在外了。至於語言，蕭伯納認為英語字彙已經夠多，不需要再發明新字，而喬伊斯可不同意。喬伊斯讓人覺得文字遊戲的樂趣可是無窮無盡的，何必畫地自限？身為《尤利西斯》的作者，他可不覺得「mesure」這個字就是法國人了解的那樣簡單[2]，而這種遊戲在《芬尼根守靈記》裡面更是「變本加厲」了。但是，他說他也有可能是錯的，也許有其他更好的寫作技巧。只是他覺得其他人還沒有體會到文字的精妙之處，已經被開發的可能性還不到一半。

當喬伊斯開始寫新作品的時期，英國的趨勢是想把英語的發展限制住。以英語為主題的書籍老是教育大家哪些是可以講的，哪些不可以，英語的初學者學到的是很嚴謹的語言，而且英語和「美語」以及「俚語」之間有清楚的區隔。比起奧格登先生那種只讓人使用五、六百字的「基本英語」，喬伊斯的字彙簡直氾濫成災，兩相對照之下非常有趣。

喬伊斯為何要選擇「巨人」做為新作品的主題？他有跟我提過這故事。之前他要薇佛小姐建議他一個主題，她講了一個英國康瓦耳郡（Cornwall）「巨人之墓」的故事。緊接著他馬上去那裡實地勘察，稍後裘拉斯就從喬伊斯嘴裡聽到了這個故事。喬伊斯對於巨人的興趣最早我想可以追溯到一九二二年。他說法蘭克·哈里斯的《王爾德傳》（*Oscar Wilde*）讓他覺得特別有興趣之處，在於蕭伯納寫的那篇序言，他在裡面提到王爾德患有「巨大症」（gigantism）。

我有張喬伊斯的照片，是他在一九二三年前往英國伯格諾鎮（Bognor）訪問巨人前照的，照片裡的他還帶著一頂怪帽子。

一九二四年他與法文版《尤利西斯》的譯者奧古斯特・摩何爾前往法國的卡納市（Carnac）去參觀「遠古巨石」（menhirs），當時我收到一張他們倆寄給我的卡片，他提到獨眼巨人族（Cyclops）[3]。

然後是河流。一九二五年夏天他開始投入有關河流的事物。我收到一張從波爾多市（Bordeaux）寄來的明信片，上面寫著：「加龍河（Garonne）！加龍河！」但是天知道喬伊斯自己到底了解多少條河流？我知道他很愛塞納河，稱它為「優雅的塞夸娜女神」（Anna Sequana）[4]。我記得愛德希娜曾跟我開著雪鐵龍一起載他去塞納河上游，他說他想去看看那裡的自來水廠。他就坐在岸邊，開始查看那些自來水設備，專注凝視著河流，河上漂流的許多東西也盡收其眼底。

就一個視力不斷退化的人而言，喬伊斯可以觀察到的東西可真多。但是我覺得隨著他的視力退化，他逐漸開始生活在一個以聲音為主的世界裡，所以讀者若要了解《芬尼根守靈記》，就必須試著聆聽裡面的聲音。即使在早期作品中，喬伊斯也反覆重述著聲音的主題，因為大家都知道他的視力從童年起就不好。

只要提到戰爭，喬伊斯就嚇得發抖，即使有人在他身邊吵架也會惹他不高興，他說：「我是個和善的人。」但是，時間到了接近一九二六年之際，他開始投入了解戰爭。我給他一本愛德華・克里希（Edward S. Creasy）寫的《世界十五場決定性戰役》（*Fifteen*

Decisive Battles of the World: 12 Plans），他看過那本書後就跟家人一起去滑鐵盧參觀「博物館：廢墟」（museyroom: tip）[5]。喬伊斯把各大戰役混在一起，變成作品中最有趣的一些段落——肥肥的拿破崙士兵，白白的屁股坐在馬上，腳蹬馬靴，頭頂高帽。隔年他從比利時來信，日期標明「滑鐵盧日」，他說旅館裡的服務生推薦他某種酒是在一次盛產季（*oen bloem*）[6]中製造出來的。喬伊斯總是把寫書當成像打戰一樣認真，我想他有時候也會因為旁人對他第二本偉大作品失去興趣而一時氣餒（還是有人根本就用敵對的態度看待那本書？）。我想不透的是：他在滑鐵盧的「博物館」（或「沉思室[7]」？）裡面，沉思的到底是什麼？

我想有時候喬伊斯很喜歡誤導讀者。他跟我說，歷史有時候就像某種傳話遊戲，在這遊戲中，第一個人對身邊的人說一句悄悄話，接著身邊這個人又對下一個含糊地重複這句話，那句話不斷傳遞下去後，傳到最後一個人耳裡時，已經完全扭曲了。他跟我解釋，《芬尼根守靈記》裡面的文意當然是含混不清的，因為它就像〈夜景〉（nightpiece）[8]一樣。我也覺得，這本作品就跟作者的視力一樣，常常是模模糊糊的。

當喬伊斯投入新作品之後，他受到有些人的批評——我想這是相當出乎他意料之外的，因為這些人以往曾很欣賞他的《尤利西斯》。我記得英國詩人哈洛・孟羅（Harold Monro）在一九一九年曾跟我說，他覺得喬伊斯早在《一位年輕藝術家的畫像》之後就不該再寫下去；或許有些喜歡《尤利西斯》的人認為他應該在它出版後就停手。

還好艾略特總是為喬伊斯打氣，喬伊斯去拜訪他之後總是非常高興——但畢竟不是每個作家都跟艾略特一樣。

兩個約翰

「沈姆」與「沈恩」這兩個角色能在《芬尼根守靈記》中出現，多虧了兩位歌手，他們都是喬伊斯的同胞。

早在這作品開始進行之前，喬伊斯就被約翰・麥寇馬克（John MacCormack）的歌聲深深打動。喬伊斯年輕時曾去參加他的演唱會，從此就迷上了這一個「約翰」。喬伊斯一路緊盯著他演藝生涯的每個階段，而且他老是幻想著自己可以當歌手。他閱讀所有關於麥寇馬克的報紙報導，對他的戀情、他的網球球技以及他的穿著與一頭捲髮都瞭若指掌。麥寇馬克不知道自己已經變成喬伊斯筆下人物的原型。

因為喬伊斯一天到晚把麥寇馬克掛在嘴邊，結果我買了他所有的唱片。我喜歡他唱的〈偷偷掉淚〉（Una Furtiva Lagrima），愛德希娜偏愛〈我親愛的老夥伴〉（Dear Old Pal of Mine），而喬伊斯有興趣的，當然是〈茉莉・布拉妮根〉（Molly Brannigan）[9]。他問我是否有注意到他跟麥寇馬克的聲音有驚人的相似之處，我想是因為愛爾蘭人講話時都有一種獨特的音色——但確實是有點像。

但是，後來「茉莉・布拉妮根」被安娜・莉維雅・普拉蓓爾給取代了，在〈創作中的作品〉裡面出唱的也是她兒子沈恩。喬伊斯筆下的每個角色當然都是由很多真人匯集而成的，但是其他人都只是附屬的，只有一個人主導著某個角色的塑造過程。所以當我跟喬伊斯一家人去參加麥寇馬克的獨唱會時，感覺在台上唱歌的好像「郵差沈恩」。

麥寇馬克那甜美的男高音還有偉大的演唱技巧有一種無法抵擋的魅力，我給他的掌聲幾乎不輸給喬伊斯。他問我是否注意到麥寇馬克在舞台上走路的方式好像鴿子踱步，還有我是否覺得他那稍胖的身材、他那捲髮，還有鞠躬的模樣，都很迷人？但是真正讓我驚訝與感動的，是喬伊斯對他的迷戀，還有他聆聽演唱時的激動情緒。

喬伊斯對聽歌很有興趣，但是麥寇馬克似乎不太喜歡看書。對於喬伊斯，他只是把他當成一般的歌迷，我覺得除了他自己以外，他並不太關注別人。而既然喬伊斯已經獲得足夠的靈感來完成「郵差沈恩」這個角色，我也沒有再聽到他談麥寇馬克了。

另外一個叫做約翰的愛爾蘭歌手，遠比麥寇馬克敏銳得多，而且喬伊斯對他的興趣也比之前高得多。這可以說是喬伊斯畢生的一段插曲，也已經被艾司華斯・梅森（Ellsworth Mason）與理查・艾爾曼（Richard Ellmann）寫成故事，刊登在西北大學的評論期刊《分析者》（*The Analyst*）上面。

像我們這些認識喬伊斯，同時又熟知他迷戀歌劇與歌劇演員的人，可能會把《芬尼根守靈記》比擬成一部龐大的歌劇，書與歌劇裡面一樣都有像崔斯坦與伊索德（Tristan and Isolde），或者是威廉・泰爾（William Tell）這一類的角色。只是《芬尼根守靈記》比較像是帶有喬伊斯獨特風味的《尼布龍根指環》，「蘊含著一種特有的恐懼」[10]。當然，對於一本無所不包的書而言，這當然只是書裡面的某一個面向，但是我覺得這似乎是很有喬伊斯特色的一點。

我與尤金・裘拉斯夫婦以及史都華・吉伯特夫婦一樣，都是從頭到尾看著喬伊斯與約翰・蘇利文（John Sullivan）之間的關係——這是喬伊斯生命歷史中最不尋常的一頁。

喬伊斯一家人都是歌劇迷，他們住在第里亞斯特的時候就常去聽歌劇，他們和義大利人一樣苛求歌劇演員——歌手連唱錯一個音符都被緊盯著，如果唱不到高音C，就會被批得體無完膚。喬伊斯告訴我，能夠唱威廉・泰爾這角色的義大利男高音，早在幾百年前就死光了，直到後繼有人的時候，《威廉・泰爾》[11]才會再次在義大利演出。所以喬伊斯與所有義大利人一樣，都在等待一個能飾演威廉・泰爾的人。

喬伊斯在寫《芬尼根守靈記》的時候需要威廉・泰爾這個角色給他靈感，所以喬伊斯每晚都想聽他唱歌。巴黎歌劇院（Paris Opera House）裡面，倒是有一位演員飾演威廉・泰爾，觀眾對他的圓潤的歌聲與迷人的技藝莫不傾倒，但是喬伊斯卻看不上眼，因為這位歌手碰到高音C就唱不上去。喬伊斯被他惹得氣到不願再去欣賞《威廉‧泰爾》。

後來有天他仔細檢視歌劇院外面貼的節目單，發現泰爾的角色將會換人演出，是個來自愛爾蘭的演員，叫做約翰‧蘇利文。非常興奮的喬伊斯衝到售票亭預約了當晚節目的四個位置。喬伊斯闔家四人全坐在第一排觀賞，首度聽見了約翰‧蘇利文的美妙歌喉。當晚演出的曲目跟《尤利西斯》一樣，都是「按照原創，完整呈現」。蘇利文的歌聲讓喬伊斯陶醉忘我，他告訴我那聲音清澈如洗，就像收垃圾的喊叫聲劃破清晨的晴空。此後喬伊斯每逢《威廉‧泰爾》演出時都去報到，總在前排幫蘇利文熱烈鼓掌，並且起身呼喚他回到台前謝幕許多次，那些上了年紀的女帶位員也戴著蕾絲帽加入鼓掌行列，整間劇院好像都是喬伊斯的朋友來捧場似的。我們也都去看了《威廉‧泰爾》，大家都很欽佩約翰‧蘇利文——這整間欽佩蘇利文的人都是喬伊斯找來的，當然這些人也都是他的書迷。我剛好也喜歡《威廉‧泰爾》，而其他平常不看歌劇的人，儘管心裡不情願，但是也只能遵旨照辦。

蘇利文是個身材魁梧的美男子，他看來有如天神，音域廣闊的他每次一開口，那聲音就好像從威廉‧泰爾家鄉山區傳出來的一樣響亮。然而，他這個演員看來總是冷冷的，似乎對自己扮演的角色不感興趣。他把演戲當作純粹的職業，跟演戲無關的瑣事一概不管。在台上的蘇利文欠缺熱情，也沒有麥寇馬克那種魅力，更缺乏戲劇演出的天分。

喬伊斯與蘇利文有個共通之處是：他們都以為自己受到迫害。喬伊斯還寫了一篇叫做

〈從被禁的作家到被禁的歌手〉（From a Banned Writer to a Banned Singer）。（事實上，我認為《尤利西斯》已經夠幸運了，其他偉大作家有可能要等到幾百年後才成名，而且認識他們的那些人還不如喜歡《尤利西斯》的人那麼多，但喬伊斯老覺得自己遭受迫害，這點我實在不懂。）

身為一個男高音，蘇利文在巴黎歌劇院的表現其實沒那麼差，但為什麼他沒辦法打進紐約大都會歌劇院（Metropolitan）或是米蘭史卡拉歌劇院（La Scala）？或許真如喬伊斯所說，他真的受到迫害。他確實是那個時代的最佳歌手之一，顯然因為歌劇圈的勾心鬥角而受牽連，以致被人忽視。

喬伊斯對蘇利文被打壓的故事感同身受，被禁的作家與被禁的歌手結為好友。每次《威廉・泰爾》以及《于格諾派教徒》（*Les Huguenots*）——蘇利文在裡面飾演豪烏（Raoul）的角色——演出過後，喬伊斯與蘇利文兩家人及他們的朋友，都會到對街的和平咖啡屋吃宵夜。下台後的蘇利文很迷人，讓他很感激的不只是喬伊斯的友情，還有喬伊斯要幫他掙得世界知名度的那種決心。

喬伊斯過去從不讓人採訪，但現在如果記者要跟他談蘇利文，他可說是來者不拒。喬伊斯過去從未向自己認識的大人物卑恭屈膝，但是後來為了讓他們接受蘇利文，他甚至會主動接近。喬伊斯決心要把蘇利文推上大都會歌劇院的舞台，但是一切努力都徒勞無功。

我看過一些回覆喬伊斯的信件，回信的人總是說，他們願意幫喬伊斯做任何事，遺憾的是對他朋友實在愛莫能助。

因為喬伊斯做得太過火，恐怕反而在巴黎歌劇院裡造成了反效果。首先，是犯了導演的大忌——他的做法或許惹人嫉妒，也或許引發法國人的排外心態。蘇利文被人換下了《威廉・泰爾》的角色，而喬伊斯又開始拒絕去看那齣劇。當蘇利文幾乎被巴黎歌劇院所有戲碼除名的時候，他才開始驚慌失措。喬伊斯要我們幫他：他要我們打電話去票亭訂購《威廉・泰爾》的票，而且要表明我們想看的是蘇利文的演出，如果聽到演出的不是他，就取消訂票。因為這種事發生的頻率太高，售票人員氣到索性不接電話。

對於喬伊斯來說，蘇利文的事情已經演變成為他的執念。他越是幫不了蘇利文，就越想努力幫他——對此喬伊斯太太感到厭煩無比，甚至禁止任何人在家裡提蘇利文這個名字。

譯注

1 意思是，書裡面的每個字都是由許多文字組成，每個字或每一句話都有很多解讀方式。

2 「mesure」跟法文裡面「先生」（Monsieur）的音同，但是字形接近英文的「measure」，這是喬伊斯很典型的文字遊戲。

3 在尤利西斯神話裡面出現的巨人族。

4 在古歐洲神話裡面，塞納河是塞夸娜女神的化身。

5 博物館指的是「威靈頓公爵博物館」（Wellington Museum），廢墟是指當地曾是戰爭遺址。

6 「oen bloem」是 Napoleon 的諧音。

7 「museyroom」從字形上來看是 muse 加上 room（沉思室），但是字音像是把 museum 拉長。

8 《一首詩一便士》裡面的一首作品。

9 因為與《尤利西斯》的女主角同名為茉莉。

10 語出《芬尼根守靈記》。

11 《威廉・泰爾》是音樂家羅西尼（Gioachino Rossini）的作品，一八二九年在巴黎首演。威廉・泰爾是傳說中十四世紀的瑞士英雄，從歌德開始就不斷有人以他為文藝創作靈感。

20 遠離塵囂

我願意為喬伊斯做任何事，但是我堅持週末一定要去度假。每週六為了我前往鄉間，都免不了跟喬伊斯有一番爭論，如果不是愛德希娜在一邊幫腔，他大概永遠不會放過我。每當週六接近之際，喬伊斯總會想到許多要我做的雜事，而且每次他都好像會得逞似的。但是因為愛德希娜與我堅持要到鄉間休息，所以我才能一再反抗他的要求。

週末我們會前往厄赫・路瓦地區（Eure-et-Loir），到愛德希娜雙親位於侯克范莊（Rocfoin）的房子度假。房子位於前往夏赫特市（Chartres）的路上，在包斯地區（Beauce）的鄉下，人們可以看到一片沒有樹的廣闊小麥田，教堂位於遙遠的前方。（為什麼那裡的鄉間沒有樹？拉伯雷提供了似乎可信的答案：因為名叫龐塔固埃勒〔Pantagruel〕的巨人騎馬在其中馳騁，馬尾左右掃蕩，把所有的樹都弄倒了。）

愛德希娜父母的住處離任何城鎮都有點距離，他們似乎不覺得需要電話、汽車或者其他現代化設備。但是，他們很想把茅草屋頂換成瓦片——很高興這件事沒有發生，因為我很喜歡那種紫灰色的可愛麥桿屋頂。他們夫婦倆還笑我，因為我是美國人才會喜歡任何奇怪的東西。但我想奇怪的東西也不是多多益善：如果太多的話，它們就失去魅力了。

我們的星期天總是待在侯克范莊的花園裡。園子裡有一株在當地很罕見的大榆樹，它散開枝葉矗立在那裡，像極了一把雨傘。沿著牆邊種植的是梨樹與桃樹，園裡到處是花朵與家禽，小鳥與貓咪走來走去，當然還有慕賽和泰迪兩隻狗。

侯克范莊是沒有浴室的。想要洗澡得靠唧筒打水，或者是走過一片原野，像小狗一樣去河裡洗澡。

至少這度過週末假期的地點還算容易抵達——如果你不介意從最近的火車站走三哩路的話。我們在暑假期間都會去荒漠山度假，喬伊斯特別討厭我們去那裡。當假期接近時，他會自己陷入一陣驚慌失措的情緒中，而且總是在我離開巴黎前的最後一刻丟給我一張他說的「雜物清單」，要我幫他做這做那。那都是沒事給我找麻煩！就算是天塌下來或者上帝降臨我眼前，也阻止不了我「逃往」阿爾卑斯山，但是每次要去度假之前，總是免不了要跟喬伊斯玩一場角力戰。

我能發現阿爾卑斯山這好地方，真是多虧了愛德希娜的父母：她母親娘家的人都是住在那山區的。山坡上散落著很多小村莊，它們各自獨立，但是都同屬於荒漠山區。有個村莊是整個地區的核心，行政中心、學校與郵局都在村裡一棟建築物裡面，其他還有雜貨店、菸草商及鞋匠的店是在一起的，此外還有一間酒館。如果要去荒漠山區的其他地方，都得用登山的方式前往，山裡的每個平坦處都有村落。當我們看到最後一個峭壁的時候，表示高聳的費克拉高原（Plateau de la Féclaz）到了——那裡是每年夏天村民牧牛之處，他們用牛車載著一些器具去那裡度過夏天。他們每個人在那上面都有一間茅草屋頂的小農舍。

我們就是在那個高原上享受假期。喬伊斯覺得那裡是個鬼地方，因為海拔四千英呎（他怕待在高的地方），而且出入不易，又沒有郵政服務與交通工具，任何舒適的現代設備都付諸闕如，但我們就是喜歡那裡的這些特色。我們甚至不介意長途跋涉之苦：我們必須搭夜車前往——很諷刺的是，那種長途火車名叫「歡樂列車」（train de plaisir），專給薩瓦省人民在夏天搭車回山區用的，好讓他們去幫忙採收農作物。這世上有誰會覺得搭那種火車是樂事一樁？或許因為他們遺傳祖先的樂天精神吧！（以前的薩瓦人總是腳踩著裡面塞滿麥桿的木鞋，徒步前往巴黎找工作。）他們非常快樂，沿路一直在唱歌，一舉一動都讓我看在眼裡。

旅程的首站是一大早抵達的尚貝希市，前頭還有累人而刺激的一段路，還要爬上高山。當我們坐著騾車抵達荒漠山的時候，天色已經暗了。

我第一次去荒漠山避暑時，和愛德希娜與她媽媽住進一間酒館——等它以後加蓋了二樓並且擺了床之後，就會變成一間客棧了——並睡在乾草堆裡。山裡的冷風從草堆棚屋上面灌進來，穿過屋頂與屋子之間的開放空間（這樣設計的目的是為了把草吹乾）。乾草堆的香味棒極了，唯一必須忍受的是刺進耳朵裡的草葉，那感覺好像一根根的縫衣針。酒館的一家人都是愛德希娜的表親，他們很樂意讓我們分享他們的臥房，但是那裡已經擠了四個人了。

第一年夏天以後，我們都是由一些當地居民載進去的，他們還在草堆棚屋裡隔出一個臥室給我們睡，但是要從外面搭梯子爬上去。我們的下方就是畜舍，所以夜裡可熱鬧了：在燈籠的光線中，母牛於凌晨三點生下牛犢，大家都在一旁圍觀；夜裡一隻豬被母牛給踩到，因此需要縫上幾針——一個女人哭著說，那隻豬痛苦地揮著一隻腳掌，看來好像在說「老天爺啊！老天爺啊！」畜舍的門在拂曉之際打開，剎那間牛群狂奔而出，好像從劇院散場的人群。為了避免我們被吵醒，愛德希娜的表姊菲娜（Fine）把紙團塞在牛鈴裡，但是當狗兒把牲畜趕到原野上的時候，還是會發出吠叫聲——這哪有辦法制止？

在乾草棚屋內，隔出來的角落只擺得下兩張床，存放乾草堆的地方是我們的更衣室，充當梳妝台的是一個木條釘成的箱子，裡面還有一兩隻準備餵肥在週日晚餐宰來吃的母雞。我的牙刷老是從木條之間的空隙掉進去打到那些可憐的母雞，當我伸手進去拿牙刷時，惹得牠們生氣地尖叫。

和其他當地農舍一樣，這家人的房子也是屋主自己蓋的，連家具也是自己一手打造，包括床鋪、桌子、板凳、凳子以及一兩把椅子。那是一間茅頂農舍，一樓有個小房間做為起居室，後面有個隔間，他們就睡在那裡。屋內靠北邊的地方有個櫥櫃，櫃上打了一個洞保持通風，功能是用來保存食物，用起來幾乎跟冰箱一樣棒。起居室的採光不怎麼好，全靠一小扇窗戶。農舍大門右邊是畜舍的門，畜舍比起居室還大，前面放著肥料堆。廁所位於農舍靠路的那一邊——所以你可以一邊上廁所，一邊跟路過的人講話。

菲娜是個好廚子，只是當時每一餐都沒肉。我們吃的都是美味的湯、通心粉、雞蛋、她自製的奶油、馬鈴薯以及薩瓦省特產的「東美乳酪」（tomme）。

高原上到處可見的小農舍常受大雷雨襲擊，那是當地居民最怕的事。如果雷電擊中農舍，茅草屋頂會立刻起火燃燒。屋裡的人必須趕緊逃出來，免得屋頂塌落，火焰把他們團團圍住。農舍起火時根本不要妄想搶救任何財物。雷雨來時也要把牛群趕出來，所以當地人一碰到雷雨就會在畜舍看著。有個下大雷雨的夏夜，大家都沒睡，菲娜在聖母瑪莉亞前面點了一根蠟燭祈求平安，她丈夫則打著燈籠去看顧畜舍。當晚荒漠山區有三間農舍被雷擊中，大火把東西燒得一乾二淨，只留下一堆石頭。

當白天工作結束後，鄰居會在傍晚來串門子。他們用方言熱烈交談著，顯示出山區居民的感情都很好。愛德希娜懂當地方言，我試著去了解他們說些什麼。他們聊什麼呢？一輛乾草車要下山時翻覆了；有隻年輕的母牛不願意跟老費的公牛交配；一頭母牛跌下陡峭的懸崖，掉在突出的岩壁上，高原上所有的男人都出動去用繩子把牠吊起來；諸如此類的話題。有時他們會聊女巫——如果我問起巫術，他們都裝做不相信，但是只要氣氛對了，他們會講一些怪誕不稽的故事。故事主角總是某幾個老女人——大家從來不指名道姓，但是每個人都知道她們是誰——她們會施展巫術，讓人們出意外。如果鄰居與你有積怨，結果你的牛犢死了，奶油也打不起來，那就表示你被巫術害了。這時你就知道你的鄰居一定去拜訪了哪個老女人。如果你想阻擋一連串的衰事，最好是把一堆生鏽的鐵釘放進鍋子去煮，或者把畜舍地板的木條翻起來看，搞不好下面埋了一隻蟾蜍。我們一個朋友的父親曾經被蝨子糾纏個不停，他才剛換上新襯衫，上面馬上又爬滿了蝨子。他看到一個老婦人經過家門口，衝出去抓住她的手臂，要她解除她的詛咒，否則非把她毒打一頓。老婦人嚇得要死，立刻打了某種手勢，蝨子的問題就再也沒出現過了。

在荒漠山區，狗跟人一樣也得努力謀生。沒有人會幫牠們梳洗那一身濃毛，不管冬天或夏天，牠們日日夜夜都待在戶外。牠們必須看管母牛，要是有一隻脫隊，就會被憤怒狂吠的牠們緊追回來。牠們那些負責牧牛的小主人都以嚴格的方式對待牠們，如果有哪隻狗聽到「到這裡……來！」（我是聽他們都這樣叫的）之後沒有馬上衝過去，牠的下場一定很慘。牧羊犬是不是純種的，要看牠們的眼睛：眼睛一藍一灰的才是。

我們平日就在廣闊無垠的松林中漫步，在山丘上上下下，陪著我們的是一個綽號「大廚」老實人，他是個文盲，不會讀也不會寫，需要簽名的時候他就畫個叉叉。

對於喬伊斯非常重要的電報服務對於荒漠山區的人民而言，可以說是毫無必要。郵差每天都只是送信到山上來給他們。除非接獲的是死訊，不然沒有人會在農事做到一半之際，突然被人從費克拉高原叫下去取電報——總之，訊息到得越慢，他們覺得越安心。有次來了一封電報，惹得我們投宿那一家的女主人感到驚愕苦惱（於是我懇求打電報給我的喬伊斯下次寄信就好）。郵差把電報交到女主人手上，她非常不情願把這訊息傳達給我，一臉憂慮的她深怕裡面是惡耗。她把電報藏在圍裙裡，跑去問愛德希娜要如何處理，同時她手裡已經拿了一瓶預防過度驚嚇的水果酒——收到電報時她們總會準備這樣東西，以防不測。愛德希娜拆開電報閱讀，結果是喬伊斯發的電報：他要通知我接下來要把信轉去哪裡給他。

喬伊斯的生活方式

大部分我所接到喬伊斯的來信，如果不是我夏天度假期間他寫的，就是他自己旅遊時寫的。而且他當然總是要求我在「明天」就回信、以「快遞」寄出、當場「來回件」回覆。他總是缺錢用，而且當我不在時，他總是會從留下來顧店的米赫馨那裡弄到一些錢。她也很清楚：不管這位《尤利西斯》的作者戶頭裡還有沒有錢，我們都得照顧他。

喬伊斯的生活開銷很大，這是很自然的，因為他不但有個四口之家，而且他不像有些人的興趣是存錢——他的興趣是花錢。有個出版商和喬伊斯出去吃飯後來找我，說：「他花錢的方式就像個爛醉的水手。」即使這是真的，這樣批評請你吃飯的人，實在不太恰當。

喬伊斯與家人旅遊時，去的地方通常都跟他當時開始要寫的作品有關。他從比利時郵局寄了許多同一系列的明信片給我，背面是複製的壁畫。他在來信裡提到自己的法蘭德斯文（Flemish）有進步（他之前已經上過四十堂課了），荷蘭文更是已經非常流利。喬伊斯一家越過英吉利海峽去找薇佛小姐、艾略特、喬伊斯的哥哥查爾斯，還有他在蘇黎世時的好友法蘭克・布根。有時史都華・吉伯特一家會陪喬伊斯一家去旅行，但是不會和喬伊斯他們一樣住在當地的皇宮飯店，因為住不起。但實際上喬伊斯他們也住不起。

愛德希娜和我總是用最簡單的方式生活，日子過得去就好。但是喬伊斯喜歡過有錢人的日子，無疑地，他想要盡可能擺脫小時候的苦日子。而且他的想法也沒什麼錯，像他這樣一個有成就的名人，當然有資格過舒適的物質生活。他花錢非常隨便，好像把錢丟水裡一樣——不過錢都花在別人身上，不是他自己，諾拉和孩子們的生活過得再好也沒關係。

每當他們旅行時，吃住交通總都是第一流的享受。

如果跟喬伊斯付出的心血相比，他的收入實在太過微薄。雖然他的想法也沒錯：小時候過著窮苦的日子，長大後應該享受一下。只是他應該要當個賺大錢的作家才對。

住在巴黎時，喬伊斯家人每天都外出吃飯。當時是二〇年代初期，他固定去的那家餐廳位於蒙帕那斯車站的對面，叫做「特希亞農宮餐廳」（Les Trianons）。餐廳老闆與所有員工都很喜歡喬伊斯，他們還沒下計程車就有人在門口候著，有人會護送他們到餐廳後面預留的餐桌——如果不在後面用餐，總有人會干擾他們，有些人是盯著他看，有些人則是拿著書要他簽名。

服務生領班會把價目表上面的菜色唸給他聽，如此一來他就不必一直更換眼鏡，甚至拿出放大鏡。喬伊斯假裝對美食很有興趣，但事實上食物對他來講是沒有意義的，除非是與其作品有關的食物。他總是催促家人或一同吃飯的朋友選擇菜單上最棒的菜餚，也喜歡看他們吃豐盛的一餐，並且勸他們喝各種美酒。他自己則幾乎不吃東西，喝酒也不太講究，只要能讓他喝個飽，最普通的白葡萄酒也可以。因為他白天滴酒不沾，所以到晚上總是酒興大發。服務生不斷幫喬伊斯斟滿酒杯，只要諾拉不想離開，他可以跟親友一直耗在那邊不走。但他總是遵從諾拉的決定，這是他們兩人之間心照不宣的事——在這對互相了解的配偶之間有太多事都盡在不言中。

喬伊斯不論到哪裡都會受到比照皇族的待遇，大家不但被他的個人魅力迷倒，也喜歡他體貼別人。當他開始要往樓下的男廁移動時，一堆服務生搶著要護送他前往。因為他視力不好，所以常有人跟在他身邊。

喬伊斯付小費的方式也是有名的。幫他叫計程車的服務生，還有那些曾服務過他的人，退休後肯定都會是大富翁。付小費時我從不吝嗇，但是因為我了解喬伊斯的財務狀況，總是覺得他給小費給得太兇。

曾被喬伊斯招待過的人都知道他有多好客，以及他這個主人有多好玩。他總是找最棒的外燴服務，還有服務生幫忙。喬伊斯親自為你上菜倒酒——聖派崔克葡萄園（Clos Saint Patrice）釀的酒[1]，他曾送一箱給我；另一種他最愛的酒是教皇新堡鎮（Châteauneuf du Pape）[2]出產的酒。他喜歡這兩種酒當然都是因為他有關係可以弄得到。但是餐櫥裡放的則是他自己的白葡萄酒，餐宴上他喝得也不少。

餐後我們會堅持要喬喬唱歌。喬喬的歌聲可說是得到喬伊斯家族的真傳，他父親感到很滿意。他會唱自己最喜歡的歌，例如也是我最喜歡的〈我的寶貝〉（Il mio Tesoro）。

開頭那幾年，餐宴上的常客是兩對美籍夫妻，都是喬伊斯的好友：理查・華勒斯夫婦

（Richard Wallace）以及麥隆・納汀夫婦。納汀是一位畫家，我一直很喜歡他幫喬伊斯畫的那幅畫像，可惜至今不知流落何方。喬喬有個朋友姓費南德茲（Fernandez）的，也是早期常常赴宴的人之一——他的姊妹伊娃・費南德茲（Yva Fernandez）也是《都柏林人》的譯者之一。

裘拉斯夫婦在一九二〇年代中期開始出現在餐宴上，他們讓氣氛整個活絡了起來。瑪莉雅・裘拉斯的歌聲優美，本來有可能當歌手的。喬伊斯每次聽她唱美國的歌曲都如癡如醉，特別是那首他總是會點唱的〈再見，鐵達尼號〉（Farewell Titanic），一首很可怕但是迷人的小曲，瑪莉雅那具有戲劇張力的女高音讓人讚嘆。我注意到喬伊斯還很喜歡另一首她會唱的歌，歌裡提到一個人叫做「害羞的安」（Shy Ann）——我猜喬伊斯可能是聯想到他筆下的安娜・莉維雅。

每每餐宴結束之前，趁著氣氛最熱絡時，大家會拱喬伊斯出來唱他的愛爾蘭歌曲。他會坐在鋼琴前，縮著身體彈奏那些老歌，用甜美的男高音及自己特有的方式演唱，臉上表情豐富——這些是大家都畢生難忘的。

喬伊斯總是記得大家的生日，而且每到節日——例如聖誕節——他都會送人一些花花綠綠的禮物，禮物上用到的花和顏色都跟他當時在寫的作品有關。愛德希娜幫他在《銀船》上面刊出〈安娜・莉維雅・普拉蓓爾〉之後，她便收到了一份大禮：從波鐵—夏波餐廳

（Potel and Chabot）送來一份精心包裝而巨大無比的冷凍鮭魚。即使他送給諾拉的禮物，也總是與他的書脫不了關係。

譯注

1 據說愛爾蘭守護聖人聖派崔克曾在法國北部一帶遊歷，有很多城鎮村莊都以Saint Patrice取名，為的就是紀念他。「Clos Saint Patrice」（聖派崔克園）相傳是由他開始開墾的葡萄園。

2 法國普羅旺斯地區的一個城鎮，產葡萄酒。

21 《尤利西斯》的版權與我

相較於喬伊斯的努力與犧牲，他的回報實在不成正比——這真是身為天才的悲哀。他總是入不敷出，也常為此感到驚慌失措。莎士比亞書店也是一樣，也許有人覺得我靠《尤利西斯》撈了一大筆錢，但是我要告訴大家，喬伊斯就像個無底洞，所有的錢怎麼填也填不滿。我的處境就像是一首歌裡面的席維斯特（Sylvester）一樣：「不管我怎麼嘗試／錢財總是從我身邊流逝。」沒有人告訴我：「雪維兒，那點錢妳就留著吧！」我從一開始就了解，能夠與喬伊斯共事，是我三生有幸，帶給我無限的快樂；至於盈餘嘛，都應該歸他。我盡力讓他能靠作品賺錢，賺的錢也都給他。我也只能靠這方式避免自己的書店被他拖垮。

一九三一年夏天，因為盜版猖獗而感到絕望的喬伊斯請他在倫敦的經紀人詹姆斯・平克（James Pinker）幫忙，要他問問是否有美國出版商願意出版《尤利西斯》。確實有人想出版，但是大多是專門出版色情書刊的出版社。我記得全部有意願的出版商裡面，只有一個是名聲比較好的：就是之前幫喬伊斯出書的美國出版商胡布許先生。但是他提議要出版經過刪修的《尤利西斯》，喬伊斯當然不會同意。我很遺憾因此《尤利西斯》不能和《一位年輕藝術家的畫像》、《都柏林人》以及《流亡》一樣，納入胡布許先生的書目裡。

平克找的其他出版社雖然有能力幫忙，但是他們似乎沒興趣同喬伊斯和我打交道，我們倆也不喜歡他們來信時的語調。

在他們眼裡，莎士比亞書店只是喬伊斯在巴黎的「代表」，壓根兒沒把我當成出版商。結果我發現是喬伊斯授意平克這樣對待我——這等於說，他們打算要出版的是一份最原始的手稿，而不是一本已經出版了近十年的書。我覺得他們似乎不該這樣處理事情，於是我等著喬伊斯來跟我談這件事，但是他一直不吭聲。我覺得《尤利西斯》是同時期的作品中最偉大的一本，我跟他一樣急著要讓書在各個英語系國家出版，並且擺脫「禁書」的不名譽標籤，讓一般讀者都有接觸它的機會。至於《尤利西斯》在我祖國出版這件事，我從未想過我該從中獲得一些什麼回報——但是當大家也都這樣想的時候，倒是讓我改變了想法。後來我告訴喬伊斯，他們這樣忽略我，實在讓人很生氣；我跟他說，最好不要讓人感覺是我自己放棄了《尤利西斯》的版權，我還問他，如果重新出版能夠讓我拿到一些錢，那樣有錯嗎？他的答案含糊其詞，所以當下一個出版社來談再版的時候，我回覆說要一些錢我才肯放棄的版權。出版社的人又寫信問我要多少，我說兩萬五千美元。後來當平克與出版商之間往來的信件公開後，我才發現每個看到這個數字的人都笑我瘋了——他們當然會這樣想。（我跟喬伊斯解釋，這數字只是身為《尤利西斯》的出版商所該獲得的尊重。）當我問那位出版商，他覺得什麼數字才合理時，他也沒回答，但是沒有人曾有片刻覺得我的要求是認真的。

只有一個重要的人持不同意見：好心的胡布許先生說要付版稅給我。但我是絕對不會接受的，因為那筆錢將是從喬伊斯的收入中撥出來的，這種事情我連想都不會想。我覺得喬伊斯也不會接受，而且他的想法並沒錯。

我自己和喬伊斯都不覺得契約很重要。在我出版時我的確提過是否該簽約，但是喬伊斯不願簽，而我也不在意，所以我就再也沒有提這件事。但是當我在一九二七年出版《一首詩一便士》時，喬伊斯自己要求我去草擬一份合約，而且到一九三〇年他突然希望《尤利西斯》也能簽個約。我照他的想法去擬訂契約內容，他讀過後也同意並簽名了，而且為了讓契約具有法律效力，我們還用正式的格式去書寫，並且貼上印花稅。契約確實沒有經過律師（avoué）見證，但是沒有人覺得有此必要。

我想喬伊斯突然要簽訂契約的目的，是因為他當時在進行某件事，需要證明《尤利西斯》不是他的財產，而是我的。後來，在一封喬伊斯寫給律師的信裡面——這位律師正在替他為《尤里西斯》的盜版打官司——他坦承《尤利西斯》不是他的財產，而是雪維兒・畢奇的。我一直要到後來才親眼看到這封信。

慢慢地，不再有出版社提出要以較低價錢買下《尤利西斯》，我也好一陣子沒和喬伊斯見面。但是幾乎每天都有他的一個老朋友來找我，他會先去過侯比亞廣場然後才順道過來，喬伊斯則透過他傳話，向我表達對於新版《尤利西斯》的看法。他要我放棄版權，因為是我自己一廂情願地想像那版權是我的。「那我們的契約呢？」有天我反問：「也是我想像出來的嗎？」喬伊斯的老友說：「根本沒有契約。」當我反駁他的時候，喬伊斯這位詩人老友居然說了一句話，讓我感到天旋地轉：「妳這是擋了喬伊斯的財路。」——他真的這樣說，難以相信他是我從十幾歲就開始仰慕的那個詩人。

他一離開書店我就打電話給喬伊斯，告訴他可以隨意處理《尤利西斯》，只要他覺得恰當就好，我不會再阻擋他。

我想喬伊斯有可能已經透過他的某位家人與蘭登書屋出版社接觸，儘管我被蒙在鼓裡，但這件事一直在進行著。當時情況對他如此不利，或許他所選擇的方式，是讓《尤利西斯》在美國被出版的最好方式。

《尤利西斯》再版時是喬伊斯親自通知我的，他寄給我蘭登書屋的精美版本，以及約翰・伍爾希法官（John M. Woolsey）宣判這本偉大作品無罪的判決書；他還說他從出版社那裡拿到四萬五千美金。我知道他急需一筆錢，他女兒的病情[1]和他的眼疾都持續惡化，我為他的好運感到無限歡喜，至少這可以幫他解決財務問題。至於我個人的情感受到傷害的問題，也不是很光彩的事，既然我決定讓他放手去做，那我也沒有必要再計較了。

之前我們簽的合約對我來講根本沒用。他們確實有提到，如果有其他出版商要重新再版時，是否該與莎士比亞書店談，但是《尤利西斯》與《一首詩一便士》重新出版的時候是完全把我排除在外的。至於《尤利西斯》，是我要喬伊斯照自己的意思去處理的。畢竟書是喬伊斯寫出來的——就像小孩生出是屬於母親的，跟幫忙催生的助產士無關，不是嗎？

喬伊斯試著說服我幫《尤利西斯》出版一個在歐陸發售的平價版，但是我對此沒有興趣。我實在缺錢，如果我答應的話，那意味著我要繼續為他提供服務——但這是不可能的，因為書店需要我的投入，而且我也太累了。大概在那時候，有個奧德賽出版社（Odyssey Press）的人來跟我接觸，他欣然接受我的建議，問喬伊斯願不願意讓他們出版「歐陸版」的《尤利西斯》。根據我的了解，奧德賽出版社是陶赫尼茲出版社的一間分公司，而陶赫尼茲在之前已經出版過《一位年輕藝術家的畫像》了。喬伊斯答應了請求，我向奧德賽出版社表示，不必理會我跟喬伊斯簽的合約，但是正派的他們堅持要給我版稅；

既然這筆版稅不會影響到喬伊斯，我就接受了。奧德賽出版社印出來的書很漂亮，這次校對錯誤的人是史都華・吉伯特。

同時，喬伊斯那些怎麼處理也處理不完的事務不再由莎士比亞書店包辦，改由他的好友保羅・列昂（Paul Léon）接手，此後也就交給他全權負責。

三〇年代

到了一九三〇年代，左岸地區已經人事全非。所謂的「迷惘的一代」（lost generation）已經變老而且都成名了——我想不出還有哪一群人比我們更承擔得起這樣的稱呼。我有很多朋友都回國去了，我不但想念他們，也想念過去那種認識新作家與作品的樂趣，還懷念過去那些小的評論期刊與小出版社。讓他們回家的理由之一在於：儘管他們都經歷過第一次世界大戰，但不表示他們願意再經歷另一次世界大戰[2]。當然經濟大蕭條也是其中一個理由。不過我們還有幾個好朋友至少曾在拉丁區住了一段時間。海明威在聖許勒畢斯教堂（Saint Sulpice）教堂附近租了一間公寓，麥克賴許一家人則計畫在盧森堡花園附近定居。龐德是早就離開我們了，因為他比較喜歡義大利的拉帕羅鎮（Rapallo），但是喬伊斯、裘拉斯夫婦、《變遷》都還在，葛楚與愛莉絲也還住在斯克西斯汀內街。海明威也住過聖母廣場街一間鋸木工廠的樓上，他初期的一些作品都是在那裡寫的，而龐德的工作室也在這條街上，常有人看到他戴著一頂絲絨貝雷帽在那裡進進出出。那條街也是凱薩琳・安妮・波特的「公館」坐落之處。

波特小姐有一隻俊俏的公貓叫做「跳跳」，因為牠的女主人太會煮菜，「跳跳」的身材開始變形了。她發明了一種瑞典式的運動器材，把滑車裝在樹上，強迫「跳跳」在花園裡做運動，但「跳跳」偏偏不是那種想瘦的貓。

有天「跳跳」差一點被擄走。牠坐在靠街的大門看著來往的行人，牠的女主人出來時剛好看到一個女人要把牠裝進一個大籃子裡，此時她大叫：「等一下！那是我的貓！」如果她晚一分鐘出來，一切都太慢了。巴黎有很多失蹤的胖貓——可能牠們吃起來的口感就像美味的燉兔子肉吧。

我的好友卡洛妲・威勒斯（吉姆・布利格斯的太太）曾邀請波特小姐去巴黎的「美籍婦女會」（American Women's Club）演講。通常我是不喜歡聽演講的，但這一場演講特別精采，就如同波特小姐平常講的話及寫的東西一樣。結束後她還把演講稿的打字稿送給我保存。

艾倫・泰特（Allen Tate）是我二〇年代晚期的一個好朋友，當時他靠一筆獎學金第一次來到巴黎。到了三〇年代，他帶著妻子卡洛琳・泰特（Caroline Tate）又回到了巴黎，我常看到他跟波特小姐在一起。我覺得這兩個人在今日的文學圈代表著兩種差異非常大，但是卻同樣重要的典型。如果要論斷他那一代的所有詩人，我想他一定是其中的佼佼者。在他那一代詩人裡面，我發現有幾個人是非常有趣而具有原創性的，他們的創作有時令人驚異，但是，艾倫・泰特的作品讀起來讓我有閱讀英國詩作的那種愉悅感。

住在「秀拉社區」（Villa Seurat）的亨利・米勒（Henry Miller）從二〇年代開始初試啼聲，到了三〇年代，他變得更響亮了，而秀拉社區一直是他在左岸地區的活動中心。有天米勒與他那位長得像日本人的可愛朋友，愛娜伊絲・妮恩（Anaïs Nin）來找我，看我是否能幫他出版一本正在創作的小說，也就是有趣的《北回歸線》（*Tropic of Cancer*）。我建議他們帶著手稿去找傑克・坎恩，結果他欣然接受這本由新作家完成的作品——文學與性愛在這本書裡面緊密地結合在一起。坎恩喜歡那種赤裸裸的性愛主題，結果他出版了《北回歸線》、《南回歸線》（*Tropic of Capricorn*）以及米勒的其他作品。我喜歡米勒自己在「秀拉社區」出版的書信集《哈姆雷特》（*Hamlet*），後來又有一本書名很有龐德風味的小書《論金錢與它如何變成這德行》（*Money and How It Gets That Way*）。我最後一次聽到「秀拉社區」那一群人的消息，是米勒發表了一篇「致所有人與各類人的公開信」，文章篇名叫做〈對於艾爾夫這種人，你該怎麼辦？〉（What Are You Going to Do About Alf?）[3]。閱讀這封信的人很快就會知道他想說些什麼。

湯瑪斯・渥爾夫（Thomas Wolfe）在《時光與河流》（*Of Time and the River*）這本書出版沒多久後，就來到巴黎及我的書店。他說麥克斯・伯金斯（Max Perkins）[4]塞了一張支票給他，把他弄上一條開往歐洲的船。他跟我談論喬伊斯對其作品之影響，他說他想要試著擺脫那影響。渥爾夫無疑是一個充滿天分的年輕人，而且似乎對社會有許多不滿。他帶著一封要給愛德蕾德・瑪西女士（Adelaide Massey）的推薦信，後來待在巴黎期間都是由她照顧的——他確實需要這種照顧。

親愛的瑪西女士是所有窮人的朋友，也是我的好友，她的老家是維吉尼亞州米德堡（Middleburg）。她一邊在英國學院（British Institute）[5]做研究，同時也是瑪莉・芮芙絲修女（Mary Reeves）推動慈善工作時的左右手，更是莎士比亞書店的贊助人（如今她仍持續推動安・摩根〔Ann Morgan〕女士在法國發起的重建工作，並獲頒榮譽勳位）。她對寫作很有興趣，不過僅限於別人寫的作品。其實她確實有天分，而且每個人都相信她有能力也應該寫作——只有她自己不相信而已。

曾有一度我找不到人來幫忙，幸好瑪西女士每天來當救火隊。當時我那年輕的助理常常因為感染一些孩童的疾病而病倒，幸好瑪西女士幫忙代班。有次我出去幾天，回來發現書店助理得了痲疹，被人用救護車送去了醫院，瑪西女士則忙著幫書店消毒。

我的助理總是工作太多，薪水太少，但是我有幸能有這些朋友，她們不但容忍我，也不在乎書店裡的辛苦生活。

從書店創業到三〇、四〇年代，一路走來我換了好幾個助理。頭兩個是不支薪的露西・絲渥芙（Lucie Schwoff）以及蘇珊娜・瑪勒碧（Susanne Malherbe）。接下來是當了我九年助理的米赫馨。珍・馮米特小姐（Jane van Meter）是我第一個也是唯一真正全職的助理，她後來嫁給了莎士比亞專家查爾頓・辛曼（Charlton Hinman）。我在巴黎版的《先鋒論壇報》上登了一則徵人廣告，馮米特小姐前來應徵——有她當助理真是非常幸運的一件事。

一九三〇年代晚期，儘管歐洲已經戰雲密布，但我那可愛的乾女兒雪維兒・彼特（Sylvia Peter）從芝加哥遠赴巴黎讀書，並且在我店裡幫忙。接她位置的是能力很強的艾莉諾・奧登伯格（Eleanor Oldenburger），後來是一位迷人的年輕女孩普莉西拉・克提絲（Priscilla Curtiss）——與她分離真是讓我不捨，她應該可以留下來的，只可惜戰事已經一觸即發。

戰爭開始後一直到法國被德軍佔領，一位丈夫赴前線作戰的傑出法國女性寶列・勒維太太（Paulette Lévy）固定來幫我忙。而一個叫做路絲・坎普（Ruth Camp）的加拿大學生在德國揮軍法國之際，儘管我催促她趕快回國，她還是不願離開。

莎士比亞書店之友

書店現在已經聲名遠播，店裡總是擠著滿滿的新舊顧客，報紙與雜誌裡面也越來越多書店的報導。甚至美國運通旅行社還特地把遊覽車暫停在劇院街十二號前面，向旅客們說明那裡就是莎士比亞書店。然而，經濟大蕭條開始使書店受到重創。我們的生意本來就因為美國同胞紛紛離開而變差，大蕭條更很快使得生意一落千丈。雖然我的法國朋友們還持續光顧，有可能幫我把生意的缺口給補起來，但是他們自己的生計也受到經濟蕭條的影響。

到了一九三〇年代中期，書店已經岌岌可危，一九三六年有天紀德路過書店，問我生意怎樣。我說我有點想把店收掉，他被這消息嚇呆了。他大聲說：「我們不能放棄莎士比亞書店！」接著他衝進對街愛德希娜的店裡，問她我是否真的有意關店。唉！她能說什麼呢？答案當然是肯定的。

紀德立刻號召一群法國作家一起來幫我度過難關。他們想到的頭一個方法，便是向法國政府請願，要政府補助莎士比亞書店。許多作家與巴黎大學裡的知名教授們都簽了請願書，但是政府的補助款很少，而且它又是一間外國人開的書店。後來杜伊阿梅勒、呂克·

杜伊赫丹（Luc Durtain）、紀德、路易・吉列（Louis Gillet）、雅克・德拉克鐵勒（Jacques de Lacretell）、默華、保羅・莫杭（Paul Morand）、尚・保郎（Jean Paulhan）、侯曼、施律恩貝傑，以及梵樂希等人，組了一個委員會，我的好友施律恩貝傑在這委員會辦的一本通訊中，呼籲大家拯救書店。他號召兩百個朋友，每個人用兩百法郎買下兩年的書店會員資格。如此一來，書店又可以自給自足了。大概每隔一個月，這些作家輪流在書店朗讀他們還未出版的作品。這些會員就是「莎士比亞書店之友」，他們都有資格參加讀書會。之所以把會員人數訂在兩百人，是因為我這小店最多只塞得進兩百人，但是在這兩百人以外，還有很多人想成為會員。除此之外，我有些朋友特地捐款給我：例如吉姆・布利格斯、布萊赫、瑪莉安・威拉小姐、安・摩根小姐、W・F・彼得太太、海倫娜・魯賓絲坦太太（Helena Rubinstein）、麥克賴許以及詹姆斯・希爾先生（James Hill）。

第一場讀書會由紀德負責，挑的是他的劇本《熱內比耶芙》（*Geneviève*），接下來是施律恩貝傑尚未出版的小說《聖薩杜伊南》（*Saint Saturnin*）。下一個則是《新法蘭西評論》的社長兼偉大的文獻學家尚・保郎，他朗讀了新作《塔赫布之花》（*Les Fleurs de Tarbes*）的第一部分，那是一部很有趣但是讓人幾乎讀不懂的作品。我們必須承認那作品遠在我們理解的範圍之外——除了幫我跑腿的年輕女孩，她居然說每個字她都聽得懂！默華朗讀了一個尚未發表的有趣故事，梵樂希朗讀了一些優美的韻文，包括在喬伊斯的請求之下特別唸的〈蛇〉(Le Serpent)。讓人感動的是艾略特大老遠從倫敦來到書店朗讀作品。海明威這個人一般是不在眾人面前朗讀作品的，但是他說如果英國詩人史帝芬・史班德(Stephen Spender)願意跟他一起，他可以破個例——結果我們就開了一場雙人讀書會，那可是非常轟動的！

那時候我們非常榮幸可以跟那麼多知名作家合作，而且媒體不斷報導書店，以至於生意開始好轉。

因為我的朋友們幫我做了那麼多事，我覺得自己也該有所犧牲，我決定把我一些最寶貴的珍藏賣掉。起初我先跟一間倫敦的知名公司接洽，問我能不能把某些東西賣給他們。他們對我開出的清單非常有興趣，本來已經開始安排相關事宜，但是他們怕那些東西會被喬伊斯扣下，特別是跟《尤利西斯》有關的部分。他們得知這種事是很可能發生的，雙方只得同意放棄買賣。

這事件過後，我自己發行了一份目錄。有可能是那些喬伊斯物品的收藏家沒能拿到這份目錄，也有可能是在三〇年代比較少人收藏他的東西，總之我收到的來信都是問我有沒有海明威的東西。因此我不得不把海明威早期的一些物品予以割愛，他在那些物品上親筆書寫的文字可以說是珍貴無比。

這時候我回去美國一趟，拜訪了好友瑪莉安・威拉，當時她已經嫁給了丹・強森

（Dan Johnson），並且在紐約開了威拉藝廊（Willard Gallery）。我把整套的《尤利西斯》校對稿賣給她；而席奧多・史班塞教授（Theodore Spencer）幫哈佛大學買到了《一位年輕藝術家的畫像》的初稿（《英雄史蒂芬》）。接下來要賣掉的還包括《室內樂》、《都柏林人》以及《一首詩一便士》。本來我想把這些喬伊斯的東西集中賣掉，但是後來不得不放棄這念頭才分批處理。遺憾的是，我必須向現實低頭，而這一切教人痛心。

一九三七年的巴黎世界博覽會

我從來不喜歡參加展覽會，但是一九三七年在巴黎舉辦的世界博覽會可不一樣。當時法國的教育部長是梵樂希的仰慕者，因此梵樂希受託負責博覽會上有關法國文學的部分。他們給了他一整間展覽館，館內可以展示現代文學從最早起源到最近發展的一些文件。展覽館很受歡迎，從早到晚都是人山人海。愛德希娜的出版品當然也被納入這次展覽，但是既然這是一個「世界級」的展覽，我的東西也被放了進去。我在出版社專區有一個攤位，主要負責英國期刊《今日的生活與文學》的展出，因為它在巴黎的發行由我負責——布萊赫要我幫她負責展出。我在現場最醒目的地方擺了當期的《今日的生活與文學》，還有一些顏色明亮的期刊封面樣本以及宣傳品，此外擺的還有《兩個世界評論期刊》（*Revue des Deux Mondes*）以及孩子們最喜歡的《米老鼠》（*Mickey Mouse*）。

對於在英國推展法國文學，《今日的生活與文學》總是不遺餘力，曾經刊載了紀德、梵樂希、米修以及其他人的譯作。而為了向博覽會致敬，當時展出的那一期更是「法國文學專刊」。

譯注

1 喬伊斯的女兒是精神分裂症患者。

2 這句話的意思是，歐洲在一九三〇年代已經開始可以嗅出戰爭的味道，所以大部分作家都不願繼續待在歐洲。

3 艾爾夫是米勒小說《在巴黎屋頂下》（*Under the Roof of Paris*）裡面的人物。

4 美國文學史上知名編輯（隸屬於 Scribner and Sons 出版社），是費茲傑羅、海明威與渥爾夫等人的編輯。

5 現已改名為 The University of London Institute in Paris。

22 德軍佔領法國之後

二次大戰與德軍佔領法國

一九三九年夏季接近尾聲時，薩瓦省到處張貼著呼籲年輕人從軍的海報，每個家庭都瀰漫著哀戚的氣氛。我搭上最後一班開往山下的巴士之後，年輕的巴士司機就從軍去了，車子也被部隊徵用。尚貝希市車站裡擠滿了配備齊全的士兵，我好不容易才搭上了回到巴黎的火車。與我同一個車廂的是一個帶著小嬰兒的年輕英國媽媽以及她的褓母，她們正趕著要回英國，丈夫在月台上和她告別。他自己隨後也會跟著她們回國，不過他仍不相信戰爭即將爆發。

莎士比亞書店還是開著，戰事也持續進行中。接下來德軍突然揮軍向法國攻來，當他們離巴黎越來越近之際，巴黎人不是都已經逃走，就是正要設法逃走。不管白天黑夜，劇院街上都有移動的人潮，那些希望搭上火車的人，在火車站前面逗留，晚上也睡在那裡。

有些人開著汽車逃走，但是等到汽油耗盡後，車子紛紛被棄置於路邊。大部分的人都是步行逃走，手裡抱著小孩或提著行李，或者推著娃娃車、手推車，有些人則是騎腳踏車。同時，逃難的人不斷從北部與東北部湧入，包括比利時人——他們拋棄自己的農莊與城鎮，經過巴黎往西邊逃難。

愛德希娜和我沒有加入逃難的浪潮。為何要逃呢？我那加拿大籍的學生助理路絲・坎普的確試著要逃走，結果在壕溝裡被機關槍掃射，後來被拘禁了。

一九四〇年的六月天真是可愛，太陽高照，天空蔚藍，大概只有兩萬五千人留在巴黎。愛德希娜和我含著淚在賽巴斯托波勒大道（Boulevard Sébastopol）看著難民經過巴黎。他們從東門（East Gate）進城，通過聖米榭大道（Boulevard Saint Michel）與盧森堡花園，然後從奧良市（Orléans）與義大利門（Italie Gates）離開巴黎地區。牛車上面裝滿了家當，坐在車上的是小孩、老人、病人、孕婦以及抱著嬰孩的女人，家禽被關在籠子裡，隨行的還有狗和貓。有時候他們會在盧森堡花園停留，讓牛吃草。

我坐在醫院窗邊跟老友蓓通—封丹醫生一起吃午餐，看著最後一批難民湧進。德軍緊追著他們進城，他們用大批機動武力挺進巴黎：坦克與裝甲車，帶著頭盔的軍人穩穩坐在車上，雙手交叉在胸前。軍人與那些機械都是一片冷冷的鐵灰色，前進時發出震耳欲聾的聲響。

巴黎有少數支持納粹的人，被人稱為「合作主義份子」（collabos），但這些人是例外。我們認識的人都加入了反抗組織，蓓通－封丹醫生就是活躍其中的一份子。她二十歲的兒子黑米（Rémi）死在一個環境最惡劣的集中營裡，集中營位於奧地利的毛特豪森村（Mauthausen）。

沒有死在逃難路上的巴黎人都回來了，我的朋友們很高興莎士比亞書店還開著。他們都把自己埋進我的書堆裡，而我比以前更忙了。有一個名叫方絲華絲・貝恩姆（Françoise Bernheim）的年輕猶太女孩，自願來擔任我的義務助手。她是在巴黎大學學習梵文，但是因為納粹的規定而不能去上課。教授鼓勵她向非猶太裔的同學抄筆記，在眾人幫助下，她才得以繼續學習。

大使館方面一直勸我回美國去，但都被我拒絕了。（路線是經由里斯本回國，交通費非常吸引人，「一個人只要六塊美元」。）我沒有回去，反而與我的朋友們共同生活在納粹佔領的巴黎市。而且因為我都是和方絲華絲一起活動，所以也和她一樣受到猶太人的限制——唯一差別在於，我不必像她一樣在衣服上戴著「大衛之星」的黃色猶太教符號。我們去哪裡都只能騎腳踏車，那是唯一的交通工具，我們不能去任何公共場所，包括劇院、電影院、咖啡館、音樂廳，也不能坐在公園與街道的長椅上。有次我們去一個靜僻的廣場吃午餐，我們技術性地「靠在」長椅旁，一邊匆匆把水煮蛋與熱水瓶裡的茶吞下肚後，一邊鬼鬼祟祟四處張望著。以後我們都不願再有這種經驗了。

莎士比亞書店消失了

美國參戰後，因為我的國籍還有店裡有個猶太人，書店變成了納粹欲除之而後快的對象。我們美國人必須去指揮總部報上自己的身分，而且每週都必須去每個人居住區的委員會報到（猶太人必須每天報到）。因為美國人實在太少，我們的名字被寫在某種剪貼簿裡面，簿子老是被亂丟找不到，我常常還得替他們找。在我的名字和經歷旁邊註明了：「沒有馬匹」。我始終搞不懂為何要這樣寫。

很少德國人來書店光顧，特別在我被貼上「敵人」的標籤後，德國人就再也不來了——最後一個來的「貴客」更為書店畫上了句點。一位高階的德軍軍官從一輛大型灰色軍車走下來，在店頭看著櫥窗裡那一本《芬尼根守靈記》。後來他進店裡用沒有口音的英語跟我說，他想買那本書。我說：「那是非賣品。」他問為什麼，我說因為只剩那一本了。那是我為自己留下的一本。他很生氣，他說他對喬伊斯的作品很有興趣，但是我不為所動。他跨出書店後我趕快把《芬尼根守靈記》放到安全的地點收藏。

兩週後，那位軍官又闊步走進店裡。他問那本《芬尼根守靈記》哪裡去了？我說我收起來了。他氣到發抖，對我說：「今天我們要來把妳店裡的東西都充公，就這樣。」說完就開車走了。

我跟門房商量，她把三樓沒住人的公寓打開讓我用（我自己的公寓就在二樓）。我跟朋友們把所有的書與照片都移往樓上，大部分都是用洗衣籃搬上去的，家具也不例外。我甚至連照明設備都拿走，有個木匠幫我把書櫃給拆了，兩小時內店裡就全部清空。有個油漆匠還幫我把劇院街十二號上面的「莎士比亞書店」店名塗掉。那時候是一九四一年。德國人還有辦法把東西充公嗎？他們連店都找不到了。

他們終於還是把莎士比亞書店的店主人抓走了。

在集中營待了半年後，我又回到了巴黎，他們發了一份公文給我，表明德軍佔領政府當局只要認為有需要，隨時可以把我抓走。我的朋友們都贊成，與其留下來等著被抓走，不如讓他們找不到。莎拉・華森小姐（Sarah Watson）設法把我安置在她位於聖米榭大道九十三號的學生旅館。我與華森小姐和她的助理馬賽勒・芙赫妮耶太太（Marcelle Fournier）一起快樂地住在樓上的小廚房裡。她們發了一張會員卡給我，讓我覺得好像又回到學生時代。德軍數度想要接管學生旅館，甚至華森小姐也被拘留了一陣子，但是神奇的芙赫妮耶太太居然讓那地方繼續營業，旅館裡滿滿的學生照舊讀著書。旅館是美國人開的，但是因為它是巴黎大學的附屬機構，巴黎大學學區區長設法把華森小姐救出集中營，讓她回到工作崗位。

我每天都暗中回去劇院街，到愛德希娜的書店看她最近怎樣，看午夜出版社（Editions de Minuit）又偷偷出版了哪些最新出版品。午夜出版社的出版品都是私底下流通的，由我朋友伊馮·戴絲薇涅（Yvonne Desvignes）冒死出版。所有參與地下反抗組織的知名作家都透過這家出版社發表作品，例如詩人保羅·艾律亞（Paul Eluard）的一些小冊子。

23　海明威解放劇院街

巴黎的解放

巴黎就快要被徹底解放了——但是要看你居住的地區是否已經擺脫德軍掌握。我們住的地方在盧森堡皇宮及花園附近，希特勒的黨衛軍（SS）在那裡的壕溝中頑強抵抗，因此是最後被解放的地區之一。

第十四區被解放後，愛德希娜的妹夫貝卡（Bécat）帶著歡慶的氣氛來找我們，他騎的腳踏車上還插著一面小小的法國國旗。那天剛好是我們這區最悲慘的一天，從我窗戶望出去就可以看到康乃伊街附近的老康乃伊旅館陷入一片火海中。德軍把它當作辦公室使用，他們在離開前把它摧毀，裡面的文件一張不剩。我特別喜歡康乃伊旅館，因為喬伊斯在學生時代曾住過那裡[1]（他那個時期的筆記本現在保存在紐約水牛城的洛克伍德圖書館〔Lockwood Library〕），在他之前，葉慈和辛（John Synge）[2]都曾住過。

貝卡高興得太早，因為街上一片混亂，他必須扛著腳踏車走過整條街的地下室回去。根據戰時的民防命令，每一戶的地下室都必須是相通的。

早上快要十一點的時候，納粹部隊的坦克從盧森堡花園開始沿著聖米榭大道移動，朝四面八方開槍掃射。對於我們這些在出爐時間排隊等著買麵包的人而言，實在是很討厭。我也討厭我們住的那一條街上到處有槍戰。參加防禦的那些孩子們在劇院街街尾把家具、爐子與垃圾筒等東西堆起來充當街壘，這些年輕人們戴著地下反抗組織「法國國內部隊」的臂章，手上拿的是各式奇奇怪怪的老舊武器，他們紛紛瞄準駐紮在街道另一頭劇院階梯上的德軍。德軍的殺傷力很強大，但是這些參與反抗運動的孩子們不怕死，在巴黎獲得解放的過程中扮演了重要角色。

我終於離開了學生旅館，回到劇院街去——這樣兩邊跑來跑去實在太惱人。愛德希娜跟我在一次恐怖的經歷之後，就不敢出門去了。我們聽到德軍要撤退，便跟著一群快樂的巴黎市民沿著聖米榭大道一邊唱歌，一邊揮舞著廁所的刷子。我們覺得滿心歡喜，自由自在，但是德軍剛好也在此刻要撤離，整條街上都是剩餘的機械武力。我們的慶祝惹火了德軍，在盛怒之下他們開始用機關槍掃射人行道上的人群。我們跟其他人一樣全部趴倒在地上，慢慢往最靠近的門廊移動。我們在掃射結束後起身，人行道上到處是血，紅十字會的人員用擔架抬走了死傷民眾。

海明威解放劇院街

劇院街上始終槍戰不斷，我們實在受夠了。有天一輛吉普車開進街上，在我書店門口停下。我聽見一個低沉的聲音呼喊：「雪維兒！」那聲音傳遍了整條街道。愛德希娜大叫說：「是海明威！是海明威！」我衝下樓去，撞上了迎面而來的海明威。他把我抱起來轉圈圈，一邊親吻我，而街道旁窗邊的人們都發出歡呼聲。

我們上樓去愛德希娜的公寓，叫海明威坐下。他身著污穢的戎裝[3]，衣服上血跡斑斑，喀答一聲把機關槍往地上擺。他向愛德希娜要了一塊肥皂，她則把最後一塊蛋糕遞給他。

他問說還有什麼需要幫忙的，我說是否可以把這條街屋頂上的那些納粹狙擊手解決掉，特別是愛德希娜的屋頂上那些人。他招呼夥伴們走下吉普車，把他們全帶上屋頂，接著傳來的是劇院街最後一次槍響。海明威和他的人馬下來後又開著吉普車走掉了——海明威說，接下來要去解放麗池飯店（Ritz）的酒窖。

譯注

1 喬伊斯曾到巴黎學醫。

2 愛爾蘭劇作家。

3 海明威當時是戰地記者，也組織人員參與巴黎的解放工作。

Passion 17
莎士比亞書店
Shakespeare & Company

作者：雪維兒・畢奇Sylvia Beach
譯者：陳榮彬
責任編輯：李佳姍
校對：李珮華
封面設計：黃子欽
法律顧問：全理法律事務所董安丹律師
出版者：英屬蓋曼群島商網路與書股份有限公司台灣分公司
台北市10550南京東路四段25號11樓
TEL：886-2-25467799 FAX：886-2-25452951
Email：help@netandbooks.com
http://www.netandbooks.com

Shakespeare & Company (New Edition) by Sylvia Beach
Copyright © 1956, 1959 by Sylvia Beach
Complex Chinese edition copyright © 2008 by Net and Books Co., Ltd.
Published by arrangement with Harcourt, Inc. through Bardon- Chinese Media Agency
All Rights Reserved

發行：大塊文化出版股份有限公司
台北市10550南京東路四段25號11樓
TEL：886-2-87123898 FAX：886-2-87123897
讀者服務專線：0800-006689
Email：locus@locuspublishing.com
http://www.locuspublishing.com
郵撥帳號：18955675
戶名：大塊文化出版股份有限公司

總經銷：大和書報圖書股份有限公司
地址：台北縣新莊市五工五路2號
TEL：886-2-8990-2588 FAX：886-2-2290-1658
排版：天翼電腦排版印刷有限公司
製版：瑞豐實業股份有限公司

初版一刷：2008年5月
定價：新台幣300元
ISBN：978-986-6841-16-3

版權所有　翻印必究
Printed in Taiwan

國家圖書出版品預行編目資料

莎士比亞書店／雪維兒.畢奇(Sylvia Beach) 著；
陳榮彬譯.-- 初版.-- 臺北市：網路與書出
版：大塊文化發行, 2008.05
面；　公分.--（Passion；17）
譯自：Shakespeare and Company
ISBN　978-986-6841-16-3（平裝）

1. 畢奇(Beach , Sylvia) 2. 莎士比亞書店
(Shakespeare and Company(Paris,France))
3. 傳記 4. 書業 5. 法國巴黎

487.642　　97005440